贵阳喜来登酒店（金属材料）（图1.1）

凯悦酒店（非金属材料）（图1.2）

凯悦酒店（复合材料）（图1.3）

钓鱼台山庄内景（图1.13）

艾维克酒店（图2.4）

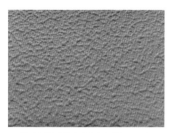

外墙涂料（绿）（图2.8）

外墙涂料（橘红）（图2.9）

墙面玻璃涂料（图2.16）

彩砂涂料（图2.10）

室内运用（图2.12）

内墙涂料（蓝）（图2.13）

多种夹丝玻璃（图3.14）　　　　　　　　国际俱乐部（图3.15）

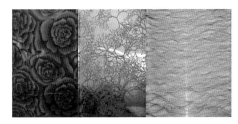

夹层玻璃（图3.16）　　　实心玻璃砖（图3.26）　　天津万丽泰达大堂（图3.28）

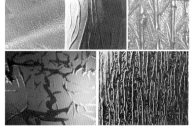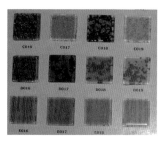

净雅（金宝街）（图3.29）　　压花玻璃（图3.30）　　玻璃马赛克（图3.31）

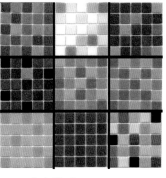

釉下彩绘（图4.6）　　　　陶瓷锦砖（图4.12）　　　　大理石（图5.8）

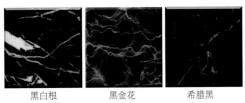

黑白根　　　　黑金花　　　　希腊黑

黑色大理石系列（图 5.11）

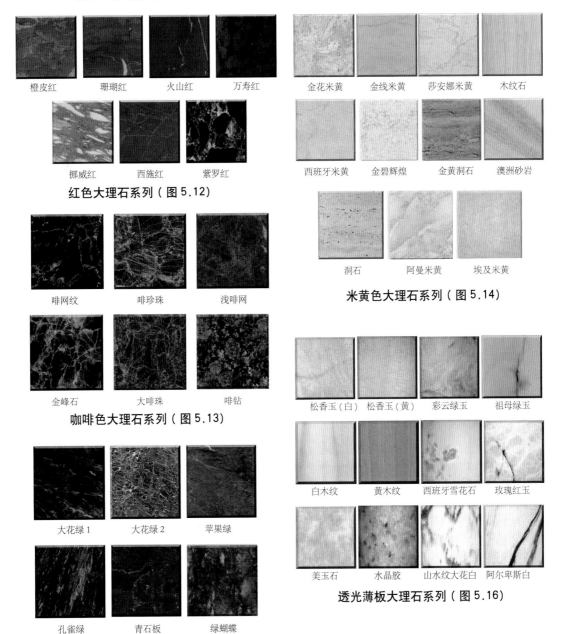

橙皮红　　　珊瑚红　　　火山红　　　万寿红

挪威红　　　西施红　　　紫罗红

红色大理石系列（图 5.12）

金花米黄　　金线米黄　　莎安娜米黄　　木纹石

西班牙米黄　　金碧辉煌　　金黄洞石　　澳洲砂岩

洞石　　　阿曼米黄　　埃及米黄

米黄色大理石系列（图 5.14）

啡网纹　　　啡珍珠　　　浅啡网

金峰石　　　大啡珠　　　啡钻

咖啡色大理石系列（图 5.13）

松香玉（白）　松香玉（黄）　彩云绿玉　　祖母绿玉

白木纹　　　黄木纹　　　西班牙雪花石　　玫瑰红玉

美玉石　　　水晶胶　　　山水纹大花白　　阿尔卑斯白

透光薄板大理石系列（图 5.16）

大花绿 1　　　大花绿 2　　　苹果绿

孔雀绿　　　青石板　　　绿蝴蝶

绿色大理石系列（图 5.15）

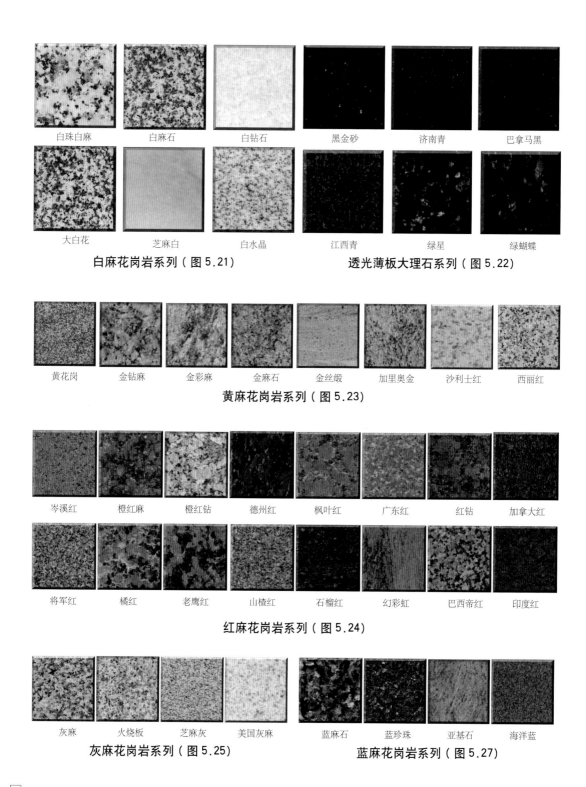

白珠白麻　　　　　白麻石　　　　　　白钻石　　　　　　黑金砂　　　　　　济南青　　　　　　巴拿马黑

大白花　　　　　　芝麻白　　　　　　白水晶　　　　　　江西青　　　　　　绿星　　　　　　　绿蝴蝶

白麻花岗岩系列（图 5.21）　　　　　　　　　　　　　　透光薄板大理石系列（图 5.22）

黄花岗　　　金钻麻　　　金彩麻　　　金麻石　　　金丝缎　　　加里奥金　　　沙利士红　　　西丽红

黄麻花岗岩系列（图 5.23）

岑溪红　　　橙红麻　　　橙红钻　　　德州红　　　枫叶红　　　广东红　　　红钻　　　加拿大红

将军红　　　橘红　　　老鹰红　　　山楂红　　　石榴红　　　幻彩虹　　　巴西帝红　　　印度红

红麻花岗岩系列（图 5.24）

灰麻　　　火烧板　　　芝麻灰　　　美国灰麻　　　　　蓝麻石　　　蓝珍珠　　　亚基石　　　海洋蓝

灰麻花岗岩系列（图 5.25）　　　　　　　　　　　　　蓝麻花岗岩系列（图 5.27）

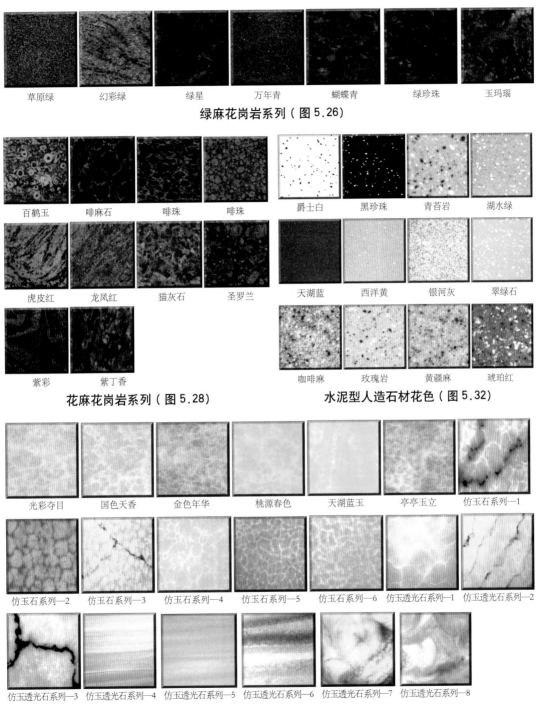

草原绿　幻彩绿　绿星　万年青　蝴蝶青　绿珍珠　玉玛瑙

绿麻花岗岩系列（图5.26）

百鹤玉　啡麻石　啡珠　啡珠

虎皮红　龙凤红　猫灰石　圣罗兰

紫彩　紫丁香

花麻花岗岩系列（图5.28）

爵士白　黑珍珠　青苔岩　湖水绿

天湖蓝　西洋黄　银河灰　翠绿石

咖啡麻　玫瑰岩　黄疆麻　琥珀红

水泥型人造石材花色（图5.32）

光彩夺目　国色天香　金色年华　桃源春色　天湖蓝玉　亭亭玉立　仿玉石系列—1

仿玉石系列—2　仿玉石系列—3　仿玉石系列—4　仿玉石系列—5　仿玉石系列—6　仿玉透光石系列—1　仿玉透光石系列—2

仿玉透光石系列—3　仿玉透光石系列—4　仿玉透光石系列—5　仿玉透光石系列—6　仿玉透光石系列—7　仿玉透光石系列—8

树脂型人造石材花色（图5.33）

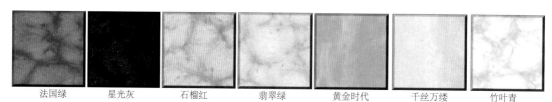

法国绿　星光灰　石榴红　翡翠绿　黄金时代　千丝万缕　竹叶青

复合型人造石材花色（图 5.34）

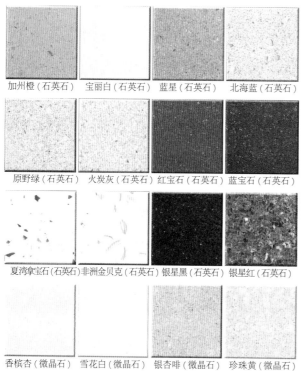

加州橙（石英石）　宝丽白（石英石）　蓝星（石英石）　北海蓝（石英石）

原野绿（石英石）　火炭灰（石英石）　红宝石（石英石）　蓝宝石（石英石）

夏湾拿宝石(石英石)　非洲金贝克(石英石)　银星黑（石英石）　银星红（石英石）

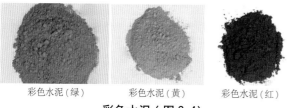

香槟杏（微晶石）　雪花白（微晶石）　银杏啡（微晶石）　珍珠黄（微晶石）

烧结型人造石材（图 5.35）

彩色水泥压模地面（图 6.6）

彩色水泥护栏（图 6.7）

装饰砂浆（图 6.10）

彩色水泥（绿）　　彩色水泥（黄）　　彩色水泥（红）

彩色水泥（图 6.4）

凯悦酒店（餐厅）（图 7.5）

铝合金花纹板（图 7.22）

长城饭店（图 7.17） 镜面不锈钢板（黑）（图 7.24）

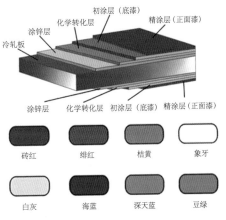

彩色涂层钢板结构（图 7.31）

华丽板（图 7.18）

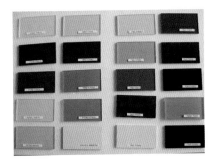

有机玻璃（图 7.36）

贵阳喜来登酒店（走廊）（图 7.21）

有色有机玻璃（图 7.39）

装饰防火板（图 7.40)

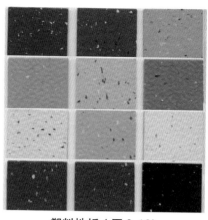

塑料地板（图 8.13)

塑料地板（卷状）（图 8.15)

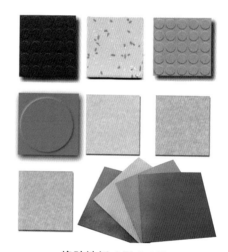

橡胶地板（图 8.22)

左为运动场、右为台球厅（图 8.24)

凯悦酒店（餐厅吊顶）（图 9.1)

"十二五"职业教育国家规划教材

经全国职业教育教材审定委员会审定

21世纪高职高专艺术设计系列技能型规划教材

装饰材料与施工
(第2版)

主　编　宋志春

副主编　鞠广东　修剑平
　　　　　何靖泉

参　编　白海波　范樱子
　　　　　吴　峰　黄春雨

北京大学出版社

PEKING UNIVERSITY PRESS

内 容 简 介

　　装饰材料与施工是高等职业院校艺术设计类环境艺术设计专业的一门重要专业主干课程。学生通过本课程的学习，能够掌握装饰材料及其施工的基础理论知识、方法与技巧，为走向工作岗位打下基础。本书共分 9 章，内容包括概述、装饰涂料、建筑装饰玻璃、建筑陶瓷、装饰石材、装饰水泥和砂浆、墙面装饰材料、地面装饰材料和顶棚装饰材料。本书是针对当前国内日益增长的建筑装饰需求，并结合新型装饰材料及其施工方法的发展而编写的。

　　本书可作为高职高专环境艺术设计相关专业的教材，也可作为从事建筑装饰与施工技术人员的参考用书。

图书在版编目(CIP)数据

装饰材料与施工/宋志春主编. —2 版 —北京：北京大学出版社，2015.6
（21 世纪高职高专艺术设计系列技能型规划教材）
ISBN 978-7-301-25049-5

Ⅰ. ①装… Ⅱ. ①宋… Ⅲ. ①建筑材料—装饰材料—高等职业教育—教材②建筑装饰—工程施工—高等职业教育—教材 Ⅳ. ①TU56②TU767

中国版本图书馆 CIP 数据核字（2014）第 249591 号

书　　　名	装饰材料与施工（第2版）
著作责任者	宋志春　主编
策 划 编 辑	孙　明
责 任 编 辑	李瑞芳　孙　明
标 准 书 号	ISBN 978-7-301-25049-5
出 版 发 行	北京大学出版社
地　　　址	北京市海淀区成府路 205 号　100871
网　　　址	http://www.pup.cn　新浪微博：@北京大学出版社
电 子 邮 箱	编辑部 pup6@pup.cn　总编室 zpup@pup.cn
电　　　话	邮购部 010-62752015　发行部 010-62750672　编辑部 010-62750667
印 刷 者	北京圣夫亚美印刷有限公司
经 销 者	新华书店
	787 毫米×980 毫米　16 开本　18.5 印张　彩插4　353 千字
	2009 年 9 月第 1 版
	2015 年 6 月第 2 版　　2024 年 7 月第 5 次印刷
定　　　价	59.00 元

前　言

随着高等职业教育的深入开展，开设建筑装饰设计与艺术设计等相关专业的院校纷纷对职业教育进行了全面细致的探索与研究。同时，也陆续出版了许多相关的教材与教辅材料，其中许多精品教材对院校学生起到了专业启蒙的作用，使在校学生能够比较全面地了解建筑装饰的设计过程与整体要求。编者本着积极参与的态度，融合十余年的教育教学经验，结合本专业教师多年参与工程项目的设计与施工的常识，对建筑装饰与室内装饰所使用的材料进行了全面总结，针对使用的传统建筑材料与不断更新的新型材料进行相对详细的介绍。

本书对千百种装饰材料进行了归纳分类，对各种类型的材料特性与作用做出了详细分析。从各自的生产原材料、制造加工过程、施工工艺、适用特性等方面进行了介绍。

人类生存与发展的历史过程中，人居环境的改善在不断地进行。在历史的长河中，世界各地的不同民族针对当时、当地的自然地理环境，采取就地取材、因地制宜的办法，利用各种天然材料解决自身居住的根本需求。如东方的木结构建筑、西方的石制建筑均为此类情况典型的体现。

同时在某些特殊地理环境下，出现了一些特例，如陕北的窑洞是利用黄土高原的垂直土层特性而出现的居住形式；蒙古高原的自然环境相当恶劣，人们仅仅利用了毛毡、皮布等轻软材料就轻而易举地躲避了风沙雨雪的侵袭，而且可以短时间建造与迁徙，适合游牧民族的生活特性；居住在北极圈内的爱斯基摩人，身边只有一望无垠的冰雪，于是，利用冰块砌筑的半球体房屋成为他们温暖的家。这些都是人类利用聪明的才智，应用既有的材料创造的世界建筑史上的奇迹。

欧洲的工业革命真正翻开了人类建造史上的新篇章，轨道铺设、桥梁建构、房屋建造，这些都极大地刺激了当时的新兴材料的探索。人们将钢铁、混凝土、玻璃等基础材料应用于建筑，同时产生了相关的一些新型材料，当时的建筑师也创造出了很多种新型的建造形式，使二者相得益彰。

20 世纪初期，国际式建筑通用于世界各地，传统材料与新型材料得到了最大的综合应用，人类才真正探索出千年以上的人居环境的最佳答案。在满足了基本的居住条件之后，对于装饰的需求伴随着时代发展的脚步开始大规模展开。各种各样的装饰材料出现在人们的身边，木制品、金属制品和玻璃制品的出现对传统的建造、装饰材料形成了极大的冲击。同时，一些复合材料以其优良的特性，更多地出现在了人们的生活中。

本书的编者都是长期从事室内设计教学与研究的教师，各章编写分工为：宋志春编写第 2 章、第 3 章、第 4 章、第 6 章、第 8 章和第 9 章，修剑平和鞠广东编写第 1 章、第 5 章和第 7 章，白海波、范樱子、吴峰、黄春雨负责全书的图片整理工作。宋志春担任主编并负责全书的统稿工作。

本书在编写过程中收集了大量国内外专家、学者的研究成果；大连工业大学何靖泉先生为本书提供了大量文字材料；北京丽贝亚建筑装饰有限公司总经理白海波先生、北京清尚设计事务所总经理李孝辉先生为本书提供了大量图片资料。在此一并致以衷心的感谢！

本书仅对现今为止常用的建筑装饰材料进行了归纳分类，并对各种类型的材料特性与作用做出了详细分析。从各自的生产原材料、制造加工过程、施工工艺、适用特性等方面进行了介绍。对于当今日新月异的建筑装饰材料发展尚有介绍不到之处，敬请读者原谅；当然，对于书中涉及的材料介绍也有不足之处，希望广大读者予以批评指正。

编　者

2014 年 6 月

目　　录

第 1 章

概　　　述

技能点

1. 掌握建筑装饰材料的作用
2. 掌握建筑装饰的基本要求及材料的选择

难点

装饰材料的基本要求和选用原则

说明

通过了解建筑材料的分类和建筑材料技术标准、材料的选择及发展趋势，为专业学习奠定基础。

1.1 建筑装饰材料的分类

建筑装饰材料的品种、花色非常繁杂,要想全面了解和掌握各种建筑装饰材料的性能、特点和用途。首先应对其进行分类,常用分类方法有如下两种。

1.1.1 按化学成分分类

根据化学成分的不同,建筑装饰材料可分为金属材料、非金属材料和复合材料三大类,如图 1.1～图 1.3 所示(效果图见彩插第 1 页)。

图 1.1 贵阳喜来登酒店(金属材料)

图 1.2 凯悦酒店(非金属材料)

图 1.3 凯悦酒店(复合材料)

1.1.2 按装饰部位分类

根据装饰部位的不同，建筑装饰材料可分为墙面装饰材料、地面装饰材料、顶棚装饰材料、门窗装饰材料、建筑五金配件、卫生洁具、管材型材和胶结材料(表1-1)。

表1-1 装饰材料按装饰部位的分类

序号	类 型		材料举例
1	墙面装饰材料	涂料类	无机类涂料(石灰、石膏、碱金属硅酸盐、硅溶胶等)
			有机类涂料(乙烯树脂、丙烯树脂、环氧树脂等)
			有机无机复合类(环氧硅溶胶，聚合物水泥，丙烯酸硅溶胶等)
		壁纸、墙布类	塑料壁纸、玻璃纤维贴墙布、织锦缎、壁毡等
		软包类	真皮类、人造革、海绵垫等
		人造装饰板	印刷纸贴面板、防火装饰板、PVC贴面装饰板、三聚氰胺贴面装饰板、胶合板、微薄木贴面装饰板、铝塑板、彩色涂层钢板、石膏板等
		石材类	天然大理石、花岗石、青石板、玉石、人造大理石等
		陶瓷类	彩釉砖、墙地砖、马赛克、大规格陶瓷饰面板、霹雳砖、琉璃砖等
		玻璃类	饰面玻璃板、玻璃马赛克、玻璃砖、玻璃幕墙材料等
		金属类	铝合金装饰板、不锈钢板、铜合金板、镀锌钢板、烤漆铁板等
		装饰抹灰类	斩假石、剁斧石、仿石抹灰、水刷石、干黏石等
2	地面装饰材料	地板类	木地板、竹地板、复合地板、塑料地板等
		地砖类	陶瓷墙地砖、陶瓷马赛克、缸砖、水泥花砖，连锁砖等
		石材板块	天然花岗石、青石板、美术水磨石板等
		涂料类	聚氨酯类、苯乙烯丙烯酸酯类、酚醛地板涂料、环氧类涂布地面涂料等
3	顶棚装饰材料	吊顶龙骨	木龙骨、轻钢龙骨、铝合金龙骨等
		吊挂配件	吊杆、吊挂件、挂插件等
		吊顶罩面板	硬质纤维板、石膏装饰板、矿棉装饰吸声板、塑料扣板、铝合金板等
4	门窗装饰材料	门窗框扇	木门窗、彩板钢门窗、塑钢门窗、玻璃钢门窗、铝合金门窗等
		门窗玻璃	普通窗用平板玻璃、磨砂玻璃、镀膜玻璃、压花玻璃、中空玻璃等
5	建筑五金配件		门窗五金、卫生水暖五金、家具五金、电器五金等

续表

序号	类型		材料举例
6	卫生洁具		陶瓷卫生洁具、塑料卫生洁具、石材类卫生洁具、玻璃钢卫生洁具、不锈钢卫生洁具
7	管材型材	管材	钢质上下水管、塑料管、不锈钢管、铜管等
		异型材	楼梯扶手、画(挂)镜线、踢脚线、窗帘盒、防滑条、花饰等
8	胶结材料	无机胶凝材料	水泥、石灰、石膏、水玻璃等
		胶粘剂	石材胶粘剂、壁纸胶粘剂、板材胶粘剂、瓷砖胶粘剂、多用途胶粘剂等

我国技术材料的常用标准有如下三大类。

1. 国家标准

国家标准有强制性标准(代号 GB)、推荐性标准(代号 GB/T)。

2. 行业标准

如建筑工程行业标准(代号 JGJ)、建筑材料行业标准(代号 JC)等。

3. 地方标准(代号 DBJ)和企业标准(代号 QB)

标准的表示方法为：标准名称、部门代号、编号和批准年份。

1.2 建筑装饰材料的作用

1.2.1 外装饰材料的作用

1. 对建筑物的保护作用

外装饰的目的应兼顾建筑物的美观和对建筑物的保护作用。外墙结构材料直接受到风吹、日晒、雨淋、霜雪和冰雹的袭击及腐蚀性气体和微生物的作用，耐久性受到威胁。选用适当的外墙装饰材料，对建筑物可以起保护作用，有效地提高建筑物的耐久程度，如图 1.4 和图 1.5 所示。

图 1.4 凯悦酒店一　　　　　　　　　图 1.5 凯悦酒店二

2. 改善城市环境

　　建筑物的外观效果主要取决于建筑体型、比例、虚实对比、线条等平面、立面的设计手法。而外装饰的效果则是通过装饰材料的质感、线条和色彩来表现的。质感就是材料质地的感觉，主要通过线条的粗细、凹凸面对光线吸收、反射程度的不一而产生感观效果。这些方面都可以通过选用性质不同的装饰材料或对同一种装饰材料采用不同的施工方法来体现，如建筑外墙涂料，可以做成有光的、亚光的和无光的；也可以做成凹凸的、拉毛的或彩砂的。色彩不仅影响到建筑物的外观、城市的面貌，也与人类的心理与生理息息相关。外装饰材料的色彩应考虑到建筑物的功能、环境等多种因素。一群好的建筑能起到改善城市环境的作用。色彩靠颜料来实现，因而应首先选用与周围环境相协调的、耐久性和稳定性好的着色颜料，如图 1.6 所示。

3. 节约能源

　　有些新型、高档的装饰材料除了具有装饰、保护作用之外，还有其他功能。如大理石陶瓷复合板是将厚度 3～5mm 的天然大理石薄板通过高强抗渗粘结剂与厚度 8mm 的高强陶瓷基材板复合而成的。其抗折强度大大高于大理石，具有强度高、重量轻、易安装等特点，且保持天然大理石典雅、高贵的装饰效果，能有效利用天然石材，减少石材开采，保护资源、环境等，也可减少石材对室内环境的污染。

图 1.6　凯悦酒店三

1.2.2　内装饰材料的作用

室内装饰主要指内墙装饰、地面装饰和顶棚装饰。

内墙装饰的目的是保护墙体，保证室内使用条件，创造一个舒适、美观和整洁的生活环境。

1. 保护建筑内部结构

在一般情况下，内墙饰面不承担墙体热工的作用，但在墙体本身热工性能不能满足使用要求时，就在内侧面涂抹珍珠岩类保温砂浆等装饰涂层。内墙面中传统的抹灰能起到"呼吸"作用，调节室内空气的相对湿度，起到改善使用环境的作用。室内湿度高时，抹灰能吸收一定的湿气，使内墙表面不至于马上出现凝结水；室内过于干燥时，又能释放出一定的湿气，起到调节环境的作用。

2. 改善内部环境

内墙饰面的另一项功能是辅助墙体起到反射声波、吸声、隔声等声学功能。内墙的装饰效果同样也由质感、线条和色彩 3 个因素构成。所不同的是，人对内墙饰面的距离比外墙的面近得多，所以，质感要细腻逼真，如墙纸、木纹的运用。根据风格不同，线条可以是细致的，也可以是粗犷有力的。色彩的运用是根据主人的爱好以及房间内在的性质决定的，至于明亮度可以用浅淡光洁的，也可以是平整无反光的装饰材料。

　　地面装饰是室内装饰的一个重要组成部分，目的同样是为了保护地面，并达到装饰效果，满足使用要求。普通的钢筋混凝土楼板和混凝土地坪的强度和耐久性均好，而人们对地面的感觉是硬、冷、灰湿。对于加气混凝土楼板或灰土垫层，因其材性较弱，必须依靠面层来解决耐磨损、耐碰撞和冲击以及防止擦洗地面的水渗入楼板引起钢筋锈蚀或其他不良因素。这种敷面材料就是地面饰面。对于标准高的建筑地面，还兼有保温、隔声、吸声和增加弹性的功能，如图 1.7～图 1.9 所示。

图 1.7　凯悦酒店四

图 1.8　凯悦酒店五

图 1.9　凯悦酒店六

顶棚装饰可以说是内墙的一部分，但由于其所处位置不同，对材料的要求也不同，不仅要满足保护顶棚及装饰的目的，还需具有一定的防潮、耐脏、容重小等功能。

1.3 室内装饰的基本要求与装饰材料的选择

1.3.1 室内装饰的基本要求

室内装饰的艺术效果主要由材料及做法的质感、线型和颜色三方面因素构成，即常说的建筑物饰面的三要素，这也可以说是对装饰材料的基本要求。

1. 质感

在构成室内空间环境的众多因素中，装饰材料的质感对室内环境的变化起着重要的作用。任何饰面材料及其做法都将以不同的质地感觉表现出来。常见的装饰材料中，抛光平整光滑的石材质地坚固、凝重；木质、竹质材料给人以亲切、柔和、温暖的感觉；剁斧石有力、粗犷豪放；金属质地不仅坚硬牢固、张力强大、冷漠，而且美观新颖、高贵，具有强烈的时代感；纺织纤维品如毛麻、丝绒、锦缎与皮革质地给人以柔软、舒适、豪华典型之感。

饰面的质感效果还与具体建筑物的体型、体量、立面风格等方面密切相关。体量小、立面造型比较纤细的建筑物用粗犷质感的饰面材料不一定合适，而在体量比较大的建筑物上使用效果就好些。由于外墙装饰主要看远效果，材料的质感可以相对粗些。室内装饰多数是在近距离内观赏，甚至可能与人的身体直接接触，通常采用质感较为细腻的材料。室内地面因使用上的需要通常不考虑凹凸质感及线型变化，可利用颜色及花纹的变化表现陶瓷锦砖、水磨石、拼花木地板和其他软地面独特的质感。较大空间的内墙适当采用大的线条及质感粗细变化的材料能有好的装饰效果，如图 1.10 和图 1.11 所示。

图 1.10 凯悦酒店七

图 1.11　凯悦酒店八

2. 线型

一定的分格缝、凹凸线条也是构成装饰效果的因素。抹灰、刷石、天然石材、混凝土条板等设置分块、分格，除了为防止开裂以及满足施工接茬的需要外，也是在比例、尺度感上的需要。对于材料的线型图案选择，比较小的空间里材料的图案可以选用小型的，线条细的；而空间较大的房间里，饰面图案可以选用大型的，线型粗的，体现以小见小，以大见大的原则，如图 1.12 所示。

图 1.12　假日酒店内装饰

3. 颜色

装饰材料的颜色丰富多彩，特别是涂料一类饰面材料。改变建筑物的颜色通常要比改变其质感和线型容易，因此，颜色是构成各种材料装饰效果的一个重要因素。

不同的颜色会给人以不同的感受，利用这个特点，可以使建筑物分别表现出质朴或华丽、温暖或凉爽、向后退缩或向前逼近等不同的效果，同时这种感受与使用环境互相产生影响。如浅蓝、浅绿、白色等冷色调给人以宁静、平静、心情放松的感觉，它们可以用于卧室、医院病房、休息厅等供人休息休养的环境中；淡黄、中黄、橙黄等黄色系列的颜色使人觉得活泼欢快，可以用于餐厅、饭店等饮食环境，如图 1.13 所示(效果图见彩插第 1 页)。

图 1.13　钓鱼台山庄内景

1.3.2　装饰材料的选择

室内装饰的目的就是造就一个自然、和谐、舒适而整洁的环境，各种装饰材料的色彩、质感、触感、光泽等的正确选用，将极大地影响到室内环境。一般室内装饰材料的选用应根据以下几方面综合考虑。

1. 建筑类别与装饰部位

建筑物有各式各样的种类和不同的使用功能，如医院、办公楼、宾馆、住宅等，装饰材料的选择也各有不同要求。如花岗石镜面板材耐磨，装饰效果好，适合用于高级宾馆中人流较多的公共部分，如大厅、楼梯等；而一般住宅的客厅，则较适合铺设陶瓷地砖；木质地板舒适、保温，在卧室、起居室铺设比较合适；塑料地板耐磨、有弹性，适合用于办公室；化纤地毯、混纺地毯防滑、消音、价格较高，适合用于宾馆。

装饰的部位不同，材料的选择也不同。卧室墙面宜淡雅明亮，但应避免强烈反光，采用壁纸、墙布等装饰；厨房、厕所应有清洁、卫生气氛，宜采用白色瓷砖或水磨石装饰；在人流集中的商店、候车厅、大堂的地面，应选择耐磨性好的彩色水磨石和陶瓷地砖或花岗石贴面，如图 1.14 所示。

图 1.14　凯悦酒店九

2. 地域和气候

装饰材料的选用常常与地域和气候有关。水泥地坪的水磨石、花阶砖的散热快，在寒冷地区采暖的房间里会引起长期生活在这种地面上的感觉太冷，从而有不舒适感，故应采用木地板、塑料地板、高分子合成纤维地毯，其热传导低，使人感觉暖和舒适；在夏天的冷饮店,采用绿、蓝、紫等冷色材料使人感到有清凉的感觉;而在地下室、冷藏库则要用红、橙、黄等暖色调,为人们带来温暖的感觉。

3. 场地与空间

不同的场地与空间,要采用与人协调的装饰材料。空间宽大的会堂、影剧院等,装饰材料的表面组织可粗犷而坚硬,并有突出的立体感,因此可采用大线条的图案;室内宽敞的房间,也可采用深色调和较大图案,不使人有空旷感;而对于较小的房间如目前我国的大部分城市居家,其装饰要选择质感细腻、线型较细的颜色的材料,如图1.15所示。

4. 标准与功能

装饰材料的选择还应考虑建筑物的标准与功能要求。在建设有三星、四星、五星等不同等级的宾馆和饭店中,要不同程度地显示其内部豪华、富丽堂皇的气氛,采用的装饰材料也应分别对待。如在地面装饰中,高级的选用全毛地毯,中级的选用化纤地毯或高级木地板等。

现代建筑发展中,要求装饰材料有保温绝热功能,故壁饰可采用泡沫型壁纸,玻璃采用绝热或调温玻璃等。在影院、会议室、广播室等室内装饰中,则需要采用吸声装饰材料如穿孔石膏板、软质纤维板、珍珠岩装饰吸声板等。总之,随建筑物对声热、防水、防潮、防火等不同要求,选择装饰材料都应考虑具备相应的功能需要。

图 1.15　凯悦酒店十

图 1.15 凯悦酒店十(续)

5. 民族性

选择装饰材料时，要注意运用材料与装饰技术，表现民族传统和地方特点。如伊斯兰建筑广泛使用尖拱和尖顶穹隆，建筑上装饰几何纹样图案，采用彩色琉璃石砖，装饰性极强，表现了民族和文化的特色。

6. 经济性

选择装饰材料时，从经济角度应有一个总体观念，既要考虑到一次性投资的多少，更应考虑到维修费用，保证整体上经济的合理性。

1.4 现代室内装饰材料的发展特点

科学的进步和生活水平的不断提高，推动了建筑装饰材料工业的迅猛发展。除了产品的多品种、多规格、多花色等常规观念的发展外，近些年的装饰材料还有如下一些发展特点。

1. 质量轻，强度高的产品开发

现代建筑向高层发展对材料的容重有了新的要求。从装饰材料的用材方面来看，越来越多地应用轻质高强材料；从工艺方面看，采取中空、夹层、蜂窝状等形式制造轻质高强的装饰材料。此外，采用高强度纤维或聚合物与普通材料复合，也是提高装饰材料强度而降低其重量的方法。如微晶玻璃花岗岩装饰板是目前国际上开始流行的高级建筑装饰材料，较天然花岗岩石材更能进行灵活设计,是 21 世纪的绿色建材,是内、外墙及地面的理想装饰材料,是应用受控晶化新技术生产的,其结构致密、高强、耐磨、耐蚀,在外观上纹理清晰、色彩鲜艳、无色差、不褪色。

2. 产品的多功能性

近些年装饰材料发展极快,产品不仅具有装饰性,而且呈现多功能性。硅藻泥涂料是一种多功能性涂料,可去除甲醛、异味,调节室内湿度,净化空气。镀膜玻璃、中空夹层玻璃、热反射玻璃不仅调节了室内光线,也配合了室内的空气调节,节约了能源。各种发泡型、泡沫型吸声板乃至吸声涂料,不仅装饰了室内,还降低了噪声。常用的装饰壁纸,现在也有了抗静电、防污染、报火警、防 X 射线、防虫蛀、防臭、隔热等不同功能的多种型号。

3. 向大规格、高精度发展

装饰材料向大规格、高精度和薄型方向发展。如大规格陶瓷墙地砖受到人们的青睐,以往多采用 300mm×300mm、400mm×400mm 等小型尺寸,现多采用 500mm×500mm、600mm×600mm,甚至 1000mm×1000mm、1500mm×1500mm 的墙地砖;新型马赛克向精度和薄型发展,其厚度为 0.13～19mm、最小尺寸达 6mm×6mm。

4. 产品向规范化、系列化发展

将装饰材料和产品的加工制造同以微电子技术为主体的高科技嫁接,从而实现对材料及产品的各种功能的可控与可调,形成规范化和系列化,成为装饰材料及产品的新的发展方向。

本 章 小 结

本章介绍了装饰材料的分类、作用、装饰的基本要求、材料的选择及发展特点。装饰材料常用的两种分类方法是按化学成分和装饰部位进行分类的。建筑外装饰材料有对建筑物保护、改善城市环境、节约能源的作用,室内装饰材料有保护建筑内部结构和改善室内环境的作用。装饰材料的基本要求是室内装饰的艺术效果主要由材料及做法的质感、线型和颜色 3 方面因素构成。装饰材料根据建筑类别与装饰部位、地域和气候、场地与空间、标准与功能、民族性及经济性来选择。

习　　题

1. 试述建筑装饰材料的分类。
2. 装饰材料的基本要求和选用原则是什么？
3. 建筑装饰材料的作用是什么？

第 2 章

装饰涂料

技能点

1. 了解装饰涂料的组成、分类、功能
2. 掌握外墙、内墙、地面、防火涂料的主要技术性能、特点、用途及施工工艺

难点

用途及施工工艺

说明

熟悉装饰涂料的基本知识，掌握外墙、内墙、地面、防火涂料的主要技术性能、特点、用途及施工工艺，提出了施工中需要注意的各种问题，训练学生的实践能力、执行能力。

2.1　涂料概述

涂料是指涂敷于物体表面，与基体材料很好地黏结并形成完整而坚韧保护膜的物质。由于在物体表面结成干膜，故又称涂膜或涂层。用于建筑物的装饰和保护的涂料称为建筑涂料。涂料在物体表面干结形成的薄膜称为涂膜，又称涂层。建筑涂料主要指用于建筑物表面的涂料，其主要功能是保护建筑物、装饰作用、标志作用及提供特种功能。建筑装饰中涂料的选用原则主要体现在以下 3 个方面。

1. 建筑装饰效果

建筑装饰效果主要是由质感、线型和色彩这 3 个方面决定的，其中线型是由建筑结构及饰面方法所决定的，而质感和色彩则是涂料装饰效果优劣的基本要素。所以在选用涂料时，应考虑到所选用的涂料与建筑的协调性及对建筑形体设计的补充效果。

2. 耐久性

耐久性包括两个方面的含义，即对建筑物的保护效果和装饰效果。涂膜的变色、玷污、剥落、粉化、龟裂等都会影响装饰效果或保护效果。

3. 经济性

经济性与耐久性是辩证统一的。经济性表现在短期经济效果和长期经济效果，有些产品短期经济效果好，而长期经济效果差，有些产品则反之。因此要综合考虑，权衡其经济性，对不同建筑部位选择不同的涂料，如图 2.1 所示。

图 2.1　建筑上涂料的运用

2.2　涂料的基础知识

涂料最早以天然植物油脂、天然树脂如桐油、松香、生漆等为主要原料，故以前称为油漆。目前，许多新型涂料已不再使用植物油脂，合成树脂已经在很大程度上取代天然树脂。因此，我国已正式采用涂料这个名称，而油漆仅仅是一类油性涂料而已，如图 2.2 所示。

图 2.2　涂料的运用

2.2.1　涂料的组成

按涂料中各组分所起的作用，可分为主要成膜物质、次要成膜物质和辅助成膜物质，见表 2-1。

表 2-1　涂料的组成

涂　料	主要成膜物质	油　料	干性油
			半干性油
			不干性油
		树　脂	天然树脂
			人造树脂
			合成树脂
	次要成膜物质	颜　料	着色颜料
			体质颜料
			防锈颜料

挥发成分

续表

			悬浮剂	
涂　料	辅助成膜物质	辅助材料	防皱剂	挥发成分
			润湿剂	
			乳化剂	
		溶　剂	助溶剂	固体成分
			催化剂	

1. 主要成膜物质

主要成膜物质也称胶粘剂或固着剂，是涂料黏附于物体表面形成覆盖膜的基础物质。它是决定涂料性质的主要成分，是涂料不可缺少的组分。它可以单独成膜，也可以与颜料等共同成膜。主要成膜物质包括天然的干性油、半干性油等油料和天然树脂、合成树脂等树脂。

1) 油料

油料主要成分是甘油三脂肪酸酯，是最早使用的成膜物质。脂肪酸部分是含有双键的不饱和脂肪酸和不含双键的饱和脂肪酸。把油料涂在物体表面时，通过不饱和脂肪酸中双键的氧化和聚合反应，涂层会逐渐干燥成膜。在涂料工业中，它是一种主要的原料，用来制造各种油类加工产品、清漆、色漆、油改性合成树脂及作为增塑剂使用，如图 2.3 所示凯悦酒店所使用的涂料。

图 2.3　凯悦酒店

图 2.4　艾维克酒店

2) 树脂

涂料是可以溶解在一定溶剂中的高分子化合物，当溶剂挥发以后，能在物体表面迅速成膜。它分为天然树脂、人造树脂和合成树脂。天然树脂是从天然的动、植物体中提取的天然产物，如虫胶、大漆、松香、沥青等。人造树脂是纤维素经过化学加工所得到的衍生物，如纤维素酯、纤维素醚等。合成树脂是通过有机合成所得到的高分子聚合物，包括天然橡胶的衍生物及合成橡胶、酚醛树脂、环氧树脂、二氨基树脂、丙烯酸树脂、乙烯类树脂、聚氨酯树脂等。其中合成树脂涂料是现代涂料工业中产量最大、品种最多、应用最广的涂料，如图 2.4 所示(效果图见彩插第 1 页)。

2. 次要成膜物质

次要成膜物质的主要组分是颜料和填料（有的称为着色颜料和体质颜料），但它不能离开主要成膜物质而单独构成涂膜。

1) 颜料

颜料是一种微细粉末状的有色物质，能均匀地分散在涂料介质中，涂于物体表面形成色层。颜料可使涂膜呈一定的颜色，具有一定的遮盖作用，阻挡水、氧气、化学品等透过，如铝粉、玻璃鳞片等。颜料能填充涂膜的体积，增强涂膜的机械性能，减少涂膜干燥时收缩，保持附着力，如重晶石粉等；使涂料具有特种功能，如防污、防腐蚀、反光、耐热、导电等；抵抗阳光尤其是紫外线对涂料的破坏，抗老化，提高涂料的耐久性，如炭黑、铝粉、云母、氧化铁等。此外，颜料还具有调节涂料的流变性的作用。

2) 填料

填料又称为体质颜料。它不具有遮盖力和着色力，包括许多化合物，从自然界得来、直接制造或作为副产品获得，价格便宜。常用的体质颜料有碳酸钙、硅酸镁、硅酸铝、硫酸钙、结晶氧化硅、硅藻土、硫酸钡等。

3. 辅助成膜物质

1) 溶剂和水

溶剂把成膜物质溶解，以便均匀地涂覆于物体表面。溶剂的选择对涂料的储存稳定性、涂膜的性能、质量及其施工性能都有重要的影响。正确地使用溶剂，可改善涂膜的致密性、表面光泽等物理性能。同时，可按施工需要，用溶剂调节涂料的黏度。溶剂选用不当，会引起涂膜产生白斑、失光、白化等弊病，还可能使涂料发生凝聚、凝胶、分层、析出沉淀，以致报废。

常用的涂料溶剂有烃类溶剂、醇、醚、酯、酮等，更多的是采用混合溶剂。评价溶剂对于涂料的适用性的根据是：溶解能力、相对密度、沸点、燃点、闪点、挥发性、色泽、夹杂物、气味、毒性、化学稳定性、抗腐蚀性、货源及价格等。溶剂在涂料中的比例较小，但对涂料的施工性、储存性及涂膜的物理性能有明显的影响。

2) 助剂

助剂是除了主要成膜物质、颜色填料、溶剂之外的一种添加到涂料中的成分，是能使涂料或涂膜的某一特定性能起到明显改进作用的物质，在涂料配方中的用量很小，主要是多种无机化合物和有机化合物，包括高分子聚合物。涂料使用的助剂品种繁多，常用的有催干剂、固化剂、催化剂、引发剂、增塑剂、紫外光吸收剂、抗氧剂、防老剂等；特种性能的有紫外线吸收剂、光稳定剂、阻燃剂、抗静电剂、防霉剂等。

2.2.2　建筑涂料的名称及型号

1. 建筑涂料的命名原则

国家标准《建筑涂料》(CB 2705—1992)对涂料的命名，作了如下规定。

(1) 涂料全名=颜色或颜料名称+成膜物质名称+基本名称

涂料颜色应位于涂料名称的最前面。若颜料对漆膜性能起显著作用，则可用颜料的名称代替颜色的名称，仍置于涂料名称的最前面。

(2) 涂料名称中的成膜名称应作适当简化，如硝基纤维素（酯）简化为硝基，如果漆基中含有多种成膜物质，可选取起主要作用的那一种成膜物质命名。

(3) 基本名称仍采用我国已广泛使用的名称，如清漆、磁漆、底漆等。

(4) 在成膜物质和基本名称之间，必要时可标明专业用途、特性等。

2. 建筑涂料型号

国家标准《建筑涂料》(CB 2705—1992)对涂料型号作了如下规定。

1) 涂料型号

涂料的型号分 3 部分：第一部分是涂料的类别，用汉语拼音字母表示；第二部分是基本名称，用两位数字表示；第三部分是序号。

2) 辅助材料型号

辅助材料的型号分两部分：第一部分是辅助材料种类；第二部分是序号。辅助材料种类，按用途划分为：X—稀释剂，P—防潮剂，G—催干剂，T—脱漆剂，H—固化剂。

涂料类别及基本编号见表 2-2。

表 2-2　涂料类别

序　号	代　号	类　别	序　号	代　号	类　别
1	Y	油脂漆类	10	X	烯树脂漆类
2	T	天然树脂漆类	11	B	丙烯酸漆类
3	F	酚醛漆类	12	Z	聚酯漆类
4	L	沥青漆类	13	H	环氧漆类
5	C	醇酸漆类	14	S	聚氨酯漆类
6	A	氨基漆类	15	W	元素有机漆类
7	Q	硝基漆类	16	J	橡胶漆类
8	M	纤维素漆类	17	E	其他漆类
9	G	过氯乙烯漆类			

涂料的基本名称代号按《建筑涂料》(GB 2705—1992)规定见表 2-3。

表 2-3　基本名称编号

代　号	代表名称	代　号	代表名称	代　号	代表名称
00	清　油	31	(覆盖)绝缘漆	54	防油漆
01	清　漆	32	绝缘(磁烘)漆	55	防水漆
02	厚　漆	33	(黏合)绝缘漆	60	防火漆
03	调和漆	34	漆包线漆	61	耐热漆
04	磁　漆	35	硅钢片漆	62	变色漆
05	烘　漆	36	电容器漆	63	涂布漆
06	底　漆	37	电阻漆	64	可剥漆
07	腻　子		电位器漆	65	粉末涂料
08	水溶漆、乳胶漆	38	半导体漆	80	地板漆

代　号	代表名称	代　号	代表名称	代　号	代表名称
09	大　漆	40	防污漆、防蛆漆	81	渔网漆
10	锤纹漆	41	水线漆	82	锅炉漆
11	皱纹漆	42	甲板漆	83	烟囱漆
12	裂纹漆		甲板防滑漆	84	黑板漆
14	透明漆	43	船壳漆	85	调色漆
20	铅笔漆	50	耐酸漆	86	标志漆
22	木器漆	51	耐碱漆		路线漆
23	罐头漆	52	防腐漆	98	胶　液
30	(浸渍)绝缘漆	53	防锈漆	99	其　他

2.2.3　建筑涂料的分类

建筑涂料的品种繁多，从不同角度可以有不同的分类方法，从涂料的化学成分、溶剂类型、主要成膜物质的种类、产品的稳定状态、使用部位、形成效果及所具有的特殊功能等不同角度来加以分类。建筑涂料分类见表 2-4。

表 2-4　建筑涂料分类

序　号	分类方法	涂料种类
1	按涂料状态	1. 溶剂型涂料　2. 乳液型涂料　3. 水溶性涂料 4. 粉末涂料
2	按涂料的装饰质感	1. 薄质涂料　2. 厚质涂料　3. 复层涂料
3	按主要成膜物质	1. 油脂　2. 天然树脂　3. 酚醛树脂 4. 沥青　5. 醋酸树脂　6. 氨基树脂 7. 硝基纤维素　8. 纤维酯、纤维醚　9. 烯类树脂 10. 丙烯酸树酯　11. 聚酯树脂　12. 环氧树脂 13. 聚氨基甲酸酯　14. 有机聚合物　15. 橡胶
4	按建筑物涂刷部位	1. 外墙涂料　2. 内墙涂料　3. 地面涂料 4. 顶棚涂料　5. 屋面涂料
5	按涂料的特殊功能	1. 防火涂料　2. 防水涂料　3. 防霉涂料 4. 防结露涂料　5. 防虫涂料

2.2.4 建筑涂料的功能

建筑涂料具有以下功能。

1. 保护作用

建筑涂料通过刷涂、滚涂或喷涂等施工方法，涂敷在建筑物的表面上，形成连续的薄膜，厚度适中，有一定的硬度和韧性，并具有耐磨、耐候、耐化学侵蚀以及抗污染等功能，可以提高建筑物的使用寿命。

2. 装饰作用

建筑涂料所形成的涂层能装饰美化建筑物。若在涂料施工中运用不同的方法，可以获得各种纹理、图案及质感的涂层，使建筑物产生不同凡响的艺术效果，以达到美化环境，装饰建筑的目的。

3. 改善建筑的使用功能

建筑涂料能提高室内的亮度，起到吸声和隔热的作用；一些特殊用途的涂料还能使建筑具有防火、防水、防霉、防静电等功能，如图 2.5 和图 2.6 所示。

图 2.5　凯悦酒店

图 2.6 涂料在室内的运用

2.3 外 墙 涂 料

2.3.1 外墙涂料的功能

外墙涂料主要功能是装饰和保护建筑物的外墙面，使建筑物外貌整洁美观，从而达到美化城市环境的目的；同时能够起到保护建筑物外墙的作用，延长其使用时间。为了获得良好的装饰与保护效果，外墙涂料一般应具有以下特点，如图 2.7 所示。

图 2.7 外墙涂料

1. 装饰性好

外墙涂料色彩丰富多样，保色性好，能较长时间保持良好的装饰性。

2. 耐水性好

外墙面暴露在大气中，要经常受到雨水的冲刷，因而作为外墙涂料应具有很好的耐水性能。某些防水型外墙涂料其抗水性能更佳，当基层墙发生小裂缝时，涂层仍有防水的功能。

3. 耐玷污性好

大气中的灰尘及其他物质玷污涂层后，涂层会失去装饰性能，因而要求外墙装饰层不易被这些物质玷污或玷污后容易清除。

4. 耐候性好

暴露在大气中的涂层，要经受日光、雨水、风砂、冷热变化等作用。在这类因素反复作用下，一般的涂层会发生开裂、剥落、脱粉、变色等现象，使涂层失去原有的装饰和保护功能。因此作为外墙装饰的涂层要求在规定的年限内不发生上述破坏现象，即有良好的耐候性。此外，外墙涂料还应有施工及维修方便、价格合理等特点。外墙涂料特点、技术性能、用途见表 2-5。

表 2-5　外墙涂料特点、技术性能、用途

品　种	特　点	技术性能	用　途
外墙饰面涂料	由有机高分子胶粘剂和无机胶粘剂制成。无毒无味，涂层厚且呈片状，防水、防老化性能良好，涂层干燥快，黏结力强，色泽鲜艳，装饰效果好	黏结力：0.8MPa 耐水性：20℃浸 1000h 无变化 紫外线照射：520h 无变化 人工老化：432h 无变化 耐冻融性：25 次循环无脱落	适用于各种工业、民用建筑外墙粉刷
乙丙外墙乳胶漆	由乙丙乳液、颜料、填料及各种助剂制成。以水作稀释剂，安全无毒，施工方便，干燥迅速，耐候性、保光性较好	黏度：≥17 固体含量：不小于 45% 干燥时间：表干≤30min 实干≤24h 遮盖力：≤170g/m² 耐湿性：浸 96h 破坏<5% 耐碱性：浸 48h 破坏<5% 耐冻融循环：>3 个循环不破坏	适用于住宅、商店、宾馆、工矿、企事业单位的建筑外墙饰面

续表

品　种	特　点	技术性能	用　途
彩砂涂料	丙烯酸酯乳液为胶粘剂、彩色石英砂为集料，加各种助剂制成。无毒、无溶剂污染、快干、不燃、耐强光、不褪色、耐污染性好	耐水性：浸水 1000h 无变化 耐碱性：浸碱溶液 1000h 无变化 耐冻融性：50 次循环无变化 耐洗净性：1000 次无变化 黏结强度：1.5MPa 耐污染性：高档＜10%，一般 35%	用于板材及水泥砂浆抹面的外墙装饰
新型无机外墙涂料	以碱金属硅酸盐为主要成膜物质，加以固化剂、分散剂、稳定剂及颜料和填料调制而成。具有良好的耐候、保色、耐水、耐水洗刷、耐酸碱等特点	固体含量：35%～40% 黏度：30～40s 表面干燥时间：＜1h 遮盖力：＜300g/m^2 附着力：100% 耐水性：25℃浸 24h 无变化 耐热性：80℃，5h 无发黏开裂现象 紫外线照射：20h 稍有脱粉 涂刷性能：无刷痕 沉淀分层情况：24h 沉淀 5mL	用于宾馆、办公楼、商店、学校、住宅等建筑物的外墙装饰或门面装饰

2.3.2　常用外墙涂料

1. 过氯乙烯外墙涂料

这种涂料的主要特性为干燥速度快，常温下 2h 全干；耐大气稳定性好；具有良好的化学稳定性，在常温下能耐 25% 的硫酸和硝酸、40% 的烧碱以及酒精、润滑油等物质。但这种涂料的附着力较差；热分解温度低(一般应在 60℃ 以下使用)以及溶剂释放性差。此外，含固量较低，很难形成厚质涂层，且苯类溶剂的挥发污染环境、伤害人体。

2. 氯化橡胶外墙涂料

这种涂料又称橡胶水泥漆。它是以氯化橡胶为主要成膜物质，再辅以增塑剂、颜料、填料和溶剂经一定工艺制成。为了改善综合性能有时也加入少量其他树脂。这种涂料具有优良的耐碱、耐候性，且易于重涂维修，如图 2.8 所示(效果图见彩插第 1 页)。

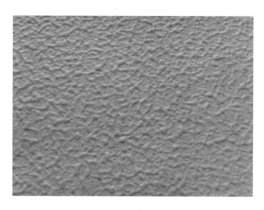

图 2.8　外墙涂料(绿)

3. 聚氨酯系列外墙涂料

这类涂料是以聚氨酯树脂或聚氨酯与其他树脂复合物为主要成膜物质的优质外墙涂料。一般为双组分或多组分涂料。固化后的涂膜具有近似橡胶的弹性，能与基层共同变形，有效地阻止开裂。这种涂料还具有许多优良性能，如耐酸碱性、耐水性、耐老化性、耐高温性等均十分优良，涂膜光泽度极好，呈瓷质感。

4. 苯-丙乳胶漆

苯-丙乳胶漆是由苯乙烯和丙烯酸酯类单体通过乳液聚合反应制得的苯-丙共聚乳液，是目前质量较好的乳液型外墙涂料之一。

这种乳胶漆具有丙烯酸酯类的高耐光性、耐候性和不泛黄性等特点，而且耐水、耐酸碱、耐湿擦洗性能优良，外观细腻、色彩艳丽、质感好，与水泥混凝土等大多数建筑材料有良好的黏附力，如图 2.9 所示(效果图见彩插第 1 页)。

图 2.9　外墙涂料(橘红)

5. 氯-偏共聚乳液厚涂料

它是以氯乙烯-偏氯乙烯共聚乳液为主要成膜物质，添加其他高分子溶液(如聚乙烯醇水溶液)等混合物为基料制成的。这类涂料产量大，价格低，使用十分广泛，常用于 6 层以下住宅建筑外墙装饰。耐光、耐候性较好，但耐水性较差，耐久性也较差，一般只有 2～3 年的装饰效果，容易玷污和脱落。

6. 彩色砂壁状外墙涂料

这种涂料简称彩砂涂料，是以合成树脂乳液和着色骨料为主体，外加增稠剂及各种助剂配制而成的。着色骨料一般采用高温烧结彩色砂料、彩色陶料或天然带色石屑。彩砂涂料可用不同的施工工艺做成仿大理石、仿花岗石质感和色彩的涂料，因此又成为仿石涂料、石艺漆、真石漆。涂层具有丰富的色彩和质感，保色性、耐水性、耐候性好，涂膜坚实，骨料不易脱落，使用寿命可达 10 年以上，如图 2.10 所示(效果图见彩插第 1 页)。

图 2.10　彩砂涂料

7. 水乳型合成树脂乳液外墙涂料

这类涂料是由合成树脂配以适量乳化剂、增稠剂和水通过高速搅拌分散而成的稳定乳液为主要成膜物质配制而成的。

其他乳液型外墙涂料品种还很多，如乙-顺乳胶漆、乙-丙乳胶漆、丙烯酸酯乳胶漆、乙-丙乳液厚涂料等。所有乳液型外墙涂料由于以水为分散介质，故无毒，不易发生火灾，环境污染少，对人体毒性小，施工方便，易于刷涂、滚涂、喷涂，并可以在潮湿的基面上施工，涂膜的透气性好。目前存在的主要问题是低温成膜性差，通常必须在 10℃以上施工才能保证质量，因而冬季施工一般不宜采用。

8. 复层建筑涂料

它是由两种以上涂层组成的复合涂料。复层建筑涂料一般由基层封闭涂料(底层涂料)、主层涂料、面层涂料所组成。复层建筑涂料按主涂层涂料主要成膜物质的不同,分为聚合物水泥系、硅酸盐系、合成树脂乳液系和反应固化型合成树脂乳液系 4 大类,如图 2.11 所示。

图 2.11 浮雕复层建筑涂料

9. 硅溶胶无机外墙涂料

它是以胶体二氧化硅为主要成膜物质,加入多种助剂经搅拌、研磨调制而成的水溶性建筑涂料。涂膜的遮盖力强、细腻、颜色均匀明快、装饰效果好,而且涂膜致密性好,坚硬耐磨,可用水砂纸打磨抛光,不易吸附灰尘,对基层渗透力强,耐高温性及其他性能均十分优良。硅溶胶还可与某些有机高分子聚合物混溶硬化成膜,构成兼有无机和有机涂料的优点。

2.4 内 墙 涂 料

2.4.1 内墙涂料的功能

内墙涂料的主要功能是装饰及保护室内墙面,使其美观整洁,让人们处于舒适的居住环境中。为了获得良好的装饰效果,内墙涂料应具有以下特点,如图 2.12 所示(效果图见彩插第 1 页)。

1. 色彩丰富,涂层细腻

内墙的装饰效果主要由质感、线条和色彩 3 个因素构成。采用涂料装饰色彩丰富。内墙涂料一般应色彩适宜、淡雅柔和，突出浅淡和明亮，营造出舒适的居住环境，如图 2.13 所示(效果图见彩插第 1 页)。

图 2.12　室内运用

图 2.13　内墙涂料(蓝)

2．耐碱性、耐水性、耐粉化性好，具有一定的透气性

由于墙面基层是碱性的，因而涂料的耐碱性要好。同时为了清洁方便，要求涂层有一定的耐水性及刷洗性。透气性不好的墙面材料易结露或挂水，使人产生不适感，因而内墙涂料应有一定的透气性，如图 2.14 所示。

图 2.14　室内一角

3．施工性好，价格合理

2.4.2　内墙涂料的分类

刷浆材料石灰浆、大白粉和可赛银等是我国传统的内墙装饰材料，因常采用排笔涂刷而得名。石灰浆又称石灰水，具有刷白作用，是一种最简便的内墙涂料，其主要缺点是颜色单调，容易泛黄及脱粉；大白粉亦称白垩粉、老粉或白土等，为具有一定细度的碳酸钙粉，在配制浆料时应加入胶粘剂，以防止脱粉。大白浆遮盖力较高，价格便宜，施工及维修方便，是一种常用的内墙涂料。可赛银是以碳酸钙和滑石粉等为填料，以酪素为胶粘剂，掺入颜料混合而制成的一种粉末状材料，也称酪素涂料。表 2-6 为涂料品种、特点、技术性能及用途。

表 2-6　涂料品种、特点、技术性能及用途

品　　种	特　点	技术性能	用　途
106 涂料(聚乙烯醇水玻璃)	用聚乙烯醇树脂水溶液和水玻璃为基料，混合定量的填料、颜料和助剂，经过混合研磨、分散而成。无毒无味，能在稍湿的墙面上施工，封面有一定的黏结力，涂层干燥快，表面光洁平滑，能形成一层类似无光泽的涂膜	容器中状态：经搅拌无结块、沉淀和絮凝现象 粘度：35～75s ：≤90μm 遮盖力：≤300g/m² 白度：≤80 度 涂蜡的外观：涂膜平整光滑、色泽均匀 附着力：划格试验无方格脱落 耐水性：浸水 24h 涂层无脱落、起泡和皱皮现象 耐干控性：≤1 级	适用于住宅、商店、医院、宾馆、剧场、学校等建筑物的内墙装饰
803 内墙涂料(聚乙烯醇半缩醛)	新型水溶性涂料，具有无毒无味，干燥快、遮盖力强、涂层光洁、在冬季较低温度下不易结冻，涂刷方便，装饰性好，耐湿擦性好，对封面有较好的附着力等优点	表面干燥时间：35℃<30min 附着力：100% 耐水性：浸 24h 不起泡不脱粉 耐热性：80℃。6h 无发黏开裂 耐洗刷性：50 次无变化、不脱粉 黏度：50～70s	可涂刷于混凝土、纸筋石灰、灰泥表面，适合大厦、住宅、剧院、医院、学校等室内墙面装饰

1. 乳胶漆

乳胶漆是乳液涂料的俗称，乳胶漆又称为合成树脂乳液涂料，是有机涂料的一种，是以合成树脂乳液为基料，加入颜料、填料及各种助剂配制而成的一类水性涂料。乳液型外墙涂料均可作为内墙装饰使用，但常用的建筑内墙乳胶漆以平光漆为主，其主要产品为醋酸乙烯乳胶漆。近年来醋酸乙烯-丙烯酸酯有光内墙乳胶漆也开始应用，但价格较醋酸乙烯乳胶漆贵。

1) 醋酸乙烯乳胶漆

醋酸乙烯乳胶漆是由醋酸乙烯均聚乳液加入颜料、填料及各种助剂，经研磨或分散处理而制成的一种乳液涂料。该涂料具有无毒、不燃、涂膜细腻、平滑、透气性好、价格适中等优点，但它的耐水性、耐碱性及耐候性不及其他共聚乳液，故仅适宜涂刷内墙，而不宜作为外墙涂料使用，如图 2.15 所示。

图 2.15　墙壁乳胶漆在室内装修中的使用

2) 乙-丙有光乳胶漆

乙-丙有光乳胶漆是以乙-丙共聚乳液为主要成膜物质，掺入适当的颜料、填料及助剂，经过研磨或分散后配制而成的半光或有光内墙涂料，用于建筑内墙装饰，其耐水性、耐碱性、耐久性优于醋酸乙烯乳胶漆。乙-丙有光乳胶漆在共聚乳液中引入了丙烯酸丁酯、甲基丙烯酸甲酯、甲基丙烯酸、丙烯酸等单体，从而提高了乳液的光稳定性，使配制的涂料耐候性好，宜用于室外；在共酸丁酯聚物中引进丙烯，能起到内增塑作用，提高了涂膜的柔韧性；不用有机溶剂，节省有机原料，减少空气污染，并且有光泽，是一种中高档内墙装饰涂料。

2. 聚乙烯醇类水溶性内墙涂料

1) 聚乙烯醇水玻璃涂料

这是一种在国内普通建筑中广泛使用的内墙涂料，其商品名为"106"。它是以聚乙烯醇树脂的水溶液和水玻璃为胶粘剂，加入一定数量的体质颜料和少量助剂，经搅拌、研磨而成的水溶性涂料。

聚乙烯醇水玻璃涂料的品种有白色、奶白色、湖蓝色、果绿色、蛋青色、天蓝色等，适用于住宅、商店、医院、学校等建筑物的内墙装饰，如图 2.16 所示(效果图见彩插第 1 页)。

图 2.16　墙面玻璃涂料

2) 聚乙烯醇缩甲醛内墙涂料

聚乙烯醇缩甲醛内墙涂料是以聚乙烯醇与甲醛进行不完全缩醛化反应生成的聚乙烯醇缩甲醛水溶液为基料，加入颜料、填料及其他助剂经混合、搅拌、研磨、过滤等工序制成的一种内墙涂料。聚乙烯醇缩甲醛内墙涂料的生产工艺与聚乙烯醇水玻璃内墙涂料的相类似，成本相仿，而耐水洗擦性略优于聚乙烯醇水玻璃内墙涂料。

2.5　地面和顶棚涂料

地面、顶棚涂料的整个施工环境温度应在 5℃以上，否则，乳胶涂料无法滚涂。若顶棚也施涂乳胶涂料，操作顺序是先顶棚后墙柱。表 2-7 为涂料品种、特点、技术性能及用途。

表 2-7　涂料品种、特点、技术性能及用途

品　种	特　点	技术性能	用　途
膨胀珍珠岩喷砂涂料	是一种粗质感喷涂料，装饰效果类似小拉毛效果，但质感比拉毛好，对基层要求低，遮盖效果好	含固量：41.7% 表观密度：0.86g/cm³ 黏度：25.5s 黏结强度：0.11MPa 耐水性：1.5h 无变化 耐热性：47℃温度，168h 无变化	适用于客户及走廊的天棚、办公室、会议室及住宅天花板

续表

品　种	特　点	技术性能	用　途
毛面顶棚涂料	涂层表面有一定颗粒状毛面质感,对棚面不平有一定的遮盖力,装饰效果好。施工工艺简单,喷涂工效高,可减轻强度	耐水性:48h 无脱落 耐碱性:8h 无变化、48h 无脱落 渗水性:无水渗出 耐刷洗:250 次无掉粉 储存稳定性:半年后有沉淀	产品分高、中、低档,适用于宾馆、饭店、影剧院、办公楼等公共建筑物的空间较大的房间或走廊的顶棚装饰
777 地面涂层材料	以水深性高分子聚合物为基料与物制填料、颜料制成。分为 A、B、C3 组分。A 组分 425 号水泥;B 组分色浆;C 组分面层罩光涂料。具有无毒、不燃、经济、案例、干燥快、施工简便、经久耐用等特点	耐磨:0.06g/cm² 黏结强度:0.25MPa 抗冲击性:50J/cm² 耐火性:20℃,7d 无变化 耐热性:105℃,1h 无变化	用于公共建筑、住宅建筑以及一般实验室、办公室水泥地面的装饰
聚氨酯弹性地面涂料	具有较高强度和弹性,良好的黏结力,涂敷地面光洁、不滑、弹性好、耐磨、耐压、行走舒适、不积尘易清扫,可代替地毯使用,施工简单等优点	硬度(邵氏):60%～70% 耐撕力:5～6MPa 断裂强度:5MPa 伸长率:200% 耐磨性:0.1m²1061km 黏结强度:4MPa 耐腐蚀:10%HCl 3 个月无变化	适用于会议室、图书馆作装饰地面以及车间耐磨、耐油、耐腐蚀地面

2.6　防 火 涂 料

防火涂料可用于钢材、木材、混凝土等材料,常用的阻燃剂有含磷化合物和含卤素化合物等,如氯化石蜡、十溴联苯醚、磷酸三氯乙醛酯等。裸露的钢结构耐火极限仅为 0.25h,在火灾中钢结构温升超过 500℃时,其强度明显降低,导致建筑物迅速垮塌。钢结构必须采用防火涂料进行涂饰,才能使其达到《建筑设计防火规范》的要求。

防火涂料包括钢结构防火涂料、木结构防火涂料、混凝土楼板防火隔热涂料等。

2.6.1 钢结构防火涂料

1. STI—A 型钢结构防火涂料

这种防火涂料采用特别保温蛭石骨料、无机胶结材料、防火添加剂与复合化学助剂调配而成;具有密度高、热导率低、防火隔热性好的特点;可用作各类建筑钢结构和钢筋混凝土结构梁、柱、墙及楼板的防火阻挡层。

STI—A 涂料的耐火性能:用该种涂料作钢结构防火层,涂层厚度为 2~2.5cm 时,即可满足建筑物一级耐火等级的要求。其耐候性能:这种涂料经过 65℃和-150℃循环试验 15 次后,其抗拉强度、抗压强度均无降低,试件不裂。

2. LG 钢结构防火隔热涂料

这种涂料是以改性无机高温粘结剂,配以空心微珠、膨胀珍珠岩等吸热、隔热、增强材料和化学助剂合成的一种新型涂料;具有密度小、热导率低、防火隔热性优良、附着力强、干燥固化快、无毒、无污染等特点;适用于建筑物室内钢结构,也可用于防火墙、防火挡板及电缆沟内铁支撑架等构筑物。表 2-8 为该涂料的物理力学性能。其防火隔热性能按 C,N15—1982 标准试验,防火涂层为 1.5cm,钢梁耐火极限达 1.5h。增减涂层厚度可满足钢结构不同耐火极限的要求。

表 2-8 LG 钢结构防火隔热涂料物理力学性质

项　目	指　标	项　目	指　标
耐水性	水泡 2000h 无溶损	热导率	0.09W/(m·K)
耐腐蚀性	pH=12 不腐蚀	抗压强度	0.46MPa
黏结性能	不开裂脱落		

LC 涂料的耐老化性能:空气冻融循环 15 次,外观完整;湿热交替循环 25 次,不裂不粉,经实际考核无异常发生。

2.6.2 木结构防火涂料

1. YZL—858 发泡型防火涂料

这种涂料由无机高分子材料和有机高分子材料复合而成;具有轻质、防火、隔热、耐候、坚韧不脆、装饰良好、施工方便等特点;适用于饭店、旅店、展览馆、礼堂、学校、办公大楼、仓库等公用建筑和民用建筑物的室内木结构,如木条、木板、木柱等基材。该涂料的防火性能、理化性能、装饰性见表 2-9。

表 2-9　YZL—858 发泡型防火涂料性能

名　称		指　标
防火性能	火焰传播比值	10(ASTM　D3806 标准)
	阻燃性	失重 2.5g，炭化体积 0.16m³(ASTM　D3806)
	耐火性	耐火时间 33.7min
理化性能	颜　色	白色，根据需要可调成多种颜色
	干燥时间	表干 1～2h，实干 4～5h
	耐水性	在水中浸泡一周涂层完整无缺
	附着力	>3MPa
	耐候性	45℃、100%湿度的 CO_2 气氛下 48h 无变化
装饰性	色泽、光泽	可配成颜色，带有瓷釉光泽，而无瓷质的脆性

2. YZ—196 发泡型防火涂料

这种涂料由无机高分子材料和有机高分子材料复合而成。涂膜退火膨胀发泡，生成致密的蜂窝状隔热层，有良好的隔热防火效果。这种涂料不但隔热、防火，而且耐候、抗潮等性能良好，附着力强，黏结力高，涂膜有瓷釉的光泽，装饰效果良好；适用于各类工业与民用建筑的防火隔热及装饰。这种涂料的防火性能及理化性能见表 2-10。

表 2-10　YZ—196 发泡型防火涂料性能

名　称		指　标
防火性能	火焰传播比值	10(ASTM　D3806 标准)
	阻燃性	失重 3.14g，炭化体积 0.052cm³
	耐火性	耐火时间 30.3min
理化性能	颜　色	白色，根据需要可调成多种颜色
	干燥时间	表干 1～2h，实干 4～5h
	耐水性	在水中浸泡一周涂层无变化
	附着力	＞3MPa
	耐候性	45℃、100%湿度的 CO_2 气下 48h 无变化

3. 膨胀乳胶防火涂料

这种涂料以丙烯酸乳液为黏合剂，与多种防火添加剂配合，以水为介质加上颜料和助剂配制而成。该涂料遇火膨胀，产生蜂窝状炭化泡层，隔火隔热效果显著；适用于涂刷工业与民用建筑物的内层架、隔墙、顶棚(木质、纤维板、胶合板、纸板)等易燃材料，此外也可用于发电厂、变电所及建筑物的沟道和竖井的电缆涂刷，如图 2.17 所示。

图 2.17　特变电工

这种涂料隔火隔热效果好。如涂刷在 3mm 厚的纤维板上，经 800t 左右的酒精火焰垂直燃烧 10～15min 不穿透；涂刷在油纸绝缘和塑料绝缘的电缆线上，经 830t 煤气火焰喷烧 20min 内部绝缘完好，可继续通电。这种涂料液漆呈中性，对被涂物基本无腐蚀，干膜附着力为 2～3MPa，冲击强度>3MPa，在 25℃蒸馏水中浸泡 24h 不起泡、不脱落，颜色可调成黄、红、蓝、绿等浅色。

4. A60—1 改性氨基膨胀涂料

这种涂料以改性氨基树脂为胶粘剂，与多种防火添加剂配合，加上颜料和助剂配制而成。该涂料遇火生成均匀致密的海绵状泡沫隔热层，有显著的隔热、防火、防潮、防油及耐候性好等特性，能调配成多种颜色，有较好的装饰效果；适用于建筑、电缆等火灾危险性较大的物件保护，也适用于车、船及地下工程作防火处理。其防火性能、物理性能见表 2-11。

表 2-11　A60—1 防火涂料性能

名　称		指　标
防火性能	氧指数	38[薄膜试件(GB 2406—1980)]
	火焰传播数值	10(ASTM　D3806—1979)
	阻燃性	失重 2.2g，炭化体积 9.8cm^3(ASTM　D1360—1979)
	耐火性	耐火时间 43min(SS-A-118B—1959)

名　称		指　　标
物理性能	干燥时间	表干 1h，实干 24～72h
	附着力情况	100%(GB 1720—1979)
	柔韧性	1 级(GB 1731—1979)
	耐水性	浸泡 48h 无变化
	耐油性	25 号变压器油浸泡 120h 无变化

2.6.3　106 混凝土楼板防火隔热涂料

混凝土材料本身是不会着火燃烧的，但它不一定耐火。实践证明，当预应力混凝土楼板遇火灾时，其耐火极限仅为 0.5h，也就是说在 0.5h 左右楼板就会断裂垮塌。如果用涂料保护混凝土楼板，则它可满足《建筑设计防火规范》的要求。

混凝土楼板防火隔热涂料是以无机、有机复合物作胶粘剂，配以珍珠岩、硅酸铝纤维等多种成分原料，用水作溶剂，经机械混合搅拌而成的。该涂料具有容重轻、热导率低、隔火隔热、耐老化性能好等特点，原料来源丰富，易于生产，主要用于喷涂预应力混凝土楼板，提高其耐火极限，也可喷涂钢筋混凝土梁、板及普通混凝土结构，起防火隔热保护作用。其主要性能见表 2-12。

表 2-12　混凝土楼板防火隔热涂料性能

名　　称	指　　标
颜　色	灰白色，或按需要配色
表观密度	303kg/m³
导温系数	0.00078m²/h
热导率	0.0895W/(m·K)
比热	1.3976J/(kg·K)
抗压强度	1.34MPa
抗冻融性	-20～20℃，15 次循环无变化
防火隔热性能	按 GN 15—1982 标准试验，5mm 厚涂层，YKB—33A 预应力混凝土楼板耐火极限为 2.4h

2.7 漆 类 涂 料

2.7.1 天然漆

天然漆称"土漆",又称"国漆"或"大漆",它是从漆树上采割的乳白色胶状液体,一旦接触空气后转为褐色,数小时后表面干涸硬化而生成漆皮,有生漆和熟漆之分。

天然漆的特性是:漆膜坚硬,富有光泽、耐久、耐磨、耐油、耐水、耐腐蚀、绝缘、耐热(≤250℃),与基底表面结合力强;缺点是黏度高而不易施工(尤其是生漆),漆膜色深,性脆,不耐阳光直射,抗强氧化和抗碱性差。天然漆的主要成分为复杂的醇素树脂。生漆有毒,干燥后漆膜粗糙,所以很少直接使用。生漆经加工即成熟漆,或改性后制成各种精制漆。熟漆适于在潮湿环境中使用,所形成的漆膜光泽好、坚韧、稳定性高、耐酸性强,但干燥较慢,甚至需2～3个星期。精制漆有广漆和催光漆等品种,具有漆膜坚韧、耐水、耐热、耐久、耐腐蚀等良好性能,光泽动人,装饰性强,适用于木器家具、工艺美术品及某些建筑制品等,如图2.18所示。

图2.18 天然漆

2.7.2 调和漆

调和漆是在熟干性油中加入颜料、溶剂、催干剂等调和而成的,是最常用的一种油漆。调和漆质地均匀,较软,稀稠适度,漆膜耐腐蚀,耐晒,经久不裂,遮盖力强,耐久性好,施工方便，适用于室内外钢铁木材等表面涂刷，如图 2.19 所示。

图 2.19 凯悦酒店内景

常用的调和漆有油性调和漆、磁性调和漆等品种。油性调和漆是用干性油与颜料研磨后，加入催干剂及溶剂配制而成的。这种漆附着力好，不易脱落，不起龟裂，不易粉化，经久耐用，但干燥较慢，漆膜较软，故适用于室外面层涂刷。磁性调和漆现名多丹脂调和漆，是由甘油松香酯、干性油与颜料研磨后，加入催干剂、溶剂配制而成的。这种漆干燥性比油性调和漆好，漆膜较硬，光亮平滑，但抗气候的能力较油性调和漆差，易失光、龟裂，故用于室内较为适宜。

2.7.3 清漆

它以树脂为主要成膜物质，分为油基清漆和树脂清漆两类。油基清漆俗称凡立水，由合成树脂、干性油、溶剂、催干剂等配制而成。油料用量较多时，漆膜柔韧、耐久且富有弹性，但干燥较慢；油料用量少时，则漆膜坚硬、光亮、干燥快，但较易脆裂。油基清漆有钙酯清漆、酚醛清漆、醇酸清漆等。树脂清漆不含干性油，这种清漆干燥迅速，漆膜硬度高，绝缘性好，色泽光亮，但膜脆，耐热、抗大气较差。树脂清漆有虫胶清漆等(俗称泡立水、漆片)。现将建筑上常用的清漆分述如下。

1. 酯胶清漆

又称耐水清漆，是以干性油和甘油松香为胶粘剂而制成的。这种清漆膜光亮，耐水性较好，但光泽不持久，干燥性较差，适合用于木制家具、门窗、板壁等的涂刷及金属表面的罩光，如图 2.20 所示。

图 2.20　凯悦酒店室内

2．酚醛清漆

俗称永明漆，是由纯酚醛树脂或改性酚醛树脂与干性植物油经熬炼后，再加入催干剂和溶剂等配制而成的清漆。根据溶剂介质的性质可分为油溶性酚醛清漆和醇溶性酚醛清漆。它涂膜光亮坚韧、耐久性、耐水性、耐酸性好、干燥快，并耐热、耐弱酸碱，缺点是涂膜容易泛黄，用于室内外木器和金属面涂饰，可得到很好的效果，如图 2.21 所示。

图 2.21　室外木器漆

3. 醇酸清漆

又叫三宝漆，是以干性油和改性醇酸树脂溶于溶剂中而制得的。这种漆的附着力、光泽度、耐久性比酯胶清漆和酚醛清漆都好，漆膜干燥快，硬度高，绝缘性好，可抛光，打磨，色泽光亮，但膜脆，耐热，抗大气性较差。醇酸清漆主要用于涂刷室内门窗、木地面、家具等，不宜外用，效果如图 2.22 和图 2.23 所示。

图 2.22　凯悦酒店

图 2.23　北京网通会议室

4. 虫胶清漆

虫胶清漆又名酒精凡立水，也简称漆片。它是虫胶片(干切片)用酒精(95°以上)溶解而得的溶液，这种漆使用方便，干燥快，漆膜坚硬光亮；缺点是耐水性和耐候性差，日光曝晒会失光，热水浸烫会泛白；一般用于室内涂饰。

5. 硝基清漆

硝基清漆又称清喷漆，腊克。是漆中另一类型，它的干燥是通过溶剂的挥发，而不包含有复杂的化学变化。它是以硝化棉即硝化纤维素为基料，加入其他树脂、增塑剂制成的，具有干燥快、坚硬、光亮、耐磨、耐久等优点。它是一种高级涂料，适用于木材和金属表面的涂敷装饰。在建筑上用于高级建筑的门窗、板壁、扶手等装修，但不宜用湿布揩。

2.7.4 磁漆

磁漆(瓷漆)是在清漆的基础上加入无机颜料而制成的，因漆膜光亮、坚硬，酷似瓷(磁)器，故为其名，磁漆色泽丰富，附着力强，适用于室内装饰和家具，也可用于室外的钢铁和木材表面。磁漆的品种有：脂胶磁漆、醇酸磁漆、酚醛磁漆、硝基内用磁漆、丙烯酸磁漆。

2.7.5 特种油漆

建筑上常用的特种油漆有各种防锈漆和防腐漆。

防锈漆是用精炼的亚麻仁油、桐油等优质干性油做成膜剂，加入红丹、锌铬黄、铁红、铝粉等防锈颜料制成的，也可加入适量的滑石粉、瓷土等作填料。

红丹漆是目前使用较广泛的防锈底漆，呈碱性，能与侵蚀性介质、中酸性物质起中和作用；红丹还有较高的氧化能力，能使钢铁表面氧化成均匀的 Fe_2O_3 薄膜，与内层紧密结合，起强力的表面统化作用；红丹与干性油结合所形成的铅皂，能使漆膜紧密，不透水，因此有显著的防锈作用。

在建筑工程中，常用于化工防腐工程的特种漆有：生漆、过氯乙烯漆、酯胶漆、环氧漆、沥清漆等。

2.7.6 液态壁纸漆

液体壁纸漆也称为液态壁纸、壁纸漆、墙纸漆或壁纸涂料，是一种全新概念充满艺术性的墙艺漆，填补了墙面涂料、墙面漆和乳胶漆单色无图的缺陷液态壁纸漆不是墙纸胜似墙纸，绿色环保，拥有比墙纸更优良的理化性能，通过专用模具，配以特殊原料，并结合多样的施工工艺，即可轻松地在单调的墙面上创造出，风格各异，质感逼真的装饰效果，是一种集多种优点于一身的新型内墙装饰涂料，如图 2.24 所示。液态壁纸漆特点如下。

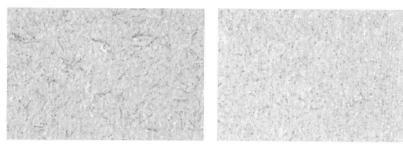

图 2.24　液态壁纸

1. 普遍适用的材料

作为一种新型装饰材料，是一种低成本、超豪华、高档次内墙装饰涂料。大到宾馆、写字楼，小到千家万户都能适用的环保艺术涂料。

2. 个性化图案设计

可订做各种个性化的图案，以最大限度地满足市场个性化需求，如图 2.25 所示。

图 2.25　液态壁纸模具效果

3. 优良的理化性能

避免了传统壁纸易翘边、有接缝、会发霉变，以及二次施工复杂等不利因素，同时保证了其无毒、无污染、抗氧化、抗老化等新特性，使用该产品寿命长久，十年持久如新，更利于进行二次装修。

4. 看得见的新环保

由于主要原料取自天然贝壳类生物壳体表层,是真正的绿色的、环保的装饰建材。

5. 任意调配的颜色

花色品种,花纹图案繁多,添加色浆即可调成任意色彩。

6. 简单方便的施工

施工简单,一学即可上手,双人施工在 2 小时内即可完成一百多平方米的墙面。

2.8　施 工 工 艺

2.8.1　外墙涂料施工工艺

1. 基层处理

(1) 基层要有足够的强度,无酥松、脱皮、起砂、粉化等现象。

(2) 施工前,必须将基层表面的灰浆、浮灰、附着物等清除干净,用水冲洗更好。

(3) 基层的油污、铁锈、隔离剂等必须用洗涤剂洗净,并用水冲洗干净。

(4) 基层的空鼓必须剔除,连同蜂窝、孔洞等提前 2～3 天用聚合物水泥腻子修补完整。配合比为水泥∶107 胶∶纤维素(2%浓度)∶水＝1∶0.2∶适量∶适量(重量比),如图 2.24 所示。

(5) 抹灰面要用铁抹子压平,再用毛刷带出小麻面,其养护时间一般 3 天即可,如图 2.27 所示。

图 2.26　基层配合比

图 2.27　抹灰面处理

(6) 新抹水泥砂浆湿度、碱度均高，对涂膜质量有影响。因此，抹灰后需间隔 3 天以上再行涂饰，如图 2.28 所示。

(7) 基层表面应平整，纹理质感应均匀一致，否则由于光影作用，会造成颜色深浅不一的错觉，影响装饰效果。

2. 施工操作要求

(1) 采用喷涂施工，空气压缩机压力需保持在 0.4～0.7MPa，排气量 0.63m³ / s 以上，以将涂料喷成雾状为准，其喷口直径如下：

① 如果喷涂砂粒状：保持在 4.0～4.5mm；

② 如果喷云母片状：保持在 5～6mm；

③ 如果喷涂细粉状：保持在 2～3mm。

(2) 要垂直墙面，不可上、下做料，以免出现虚喷发花，不能漏喷、挂流。漏喷及时补上，挂流及时除掉。喷涂厚度以盖底后最薄为佳，不宜过厚。

(3) 刷涂时，先清洁墙面，一般涂刷两次。本涂料干燥很快，注意涂刷摆幅放小，求得均匀一致。

(4) 滚涂时，先将涂料按刷涂做法的要求刷在基层上，随即滚涂，滚刷上必须蘸少量涂料，滚压方向要一致，操作应迅速，如图 2.29 所示。

图 2.28 抹灰后

图 2.29 滚涂

3. 注意事项

(1) 施工后 4～8h 内避免淋雨，预计有雨时，停止施工。

(2) 风力 4 级以上时不宜施工。

(3) 施工器具不能沾上水泥、石灰等。

(4) 本类涂料在 5℃以上方可施工，施工后 4h 内，温度不能低于 0℃。

2.8.2 内墙涂料施工工艺

(1) 基层处理：先将装修表面的灰块、浮渣等杂物用刀铲除，若表面有油污，应用清洗剂和清水洗净，干燥后再用棕刷将表面灰尘清扫干净。

(2) 用腻子将墙面麻面、蜂窝、洞眼等缺残处补好，如图 2.30 所示。

(3) 磨平：等腻子干透后，先用开刀将凸起的腻子铲开，然后用粗砂纸磨平。

(4) 满刮腻子：先用胶皮刮板满刮第一遍腻子，要求横向刮抹平整、均匀、光滑、密实，线角及边棱整齐。满刮时，不漏刮，接头不留槎，不玷污门窗框及其他部位。干透后用粗砂纸打磨平整，如图 2.31 所示。

图 2.30　修缺残处　　　　　　　　　图 2.31　打磨后效果

(5) 第二遍满刮腻子与第一遍方向垂直，方法相同，干透后用细砂纸打磨平整、光滑，如图 2.32 所示。

图 2.32　第二遍满刮腻子

(6) 涂刷乳胶：涂刷前用手提电动搅拌枪将涂料搅拌均匀，若稠度较大，可加清水稀释，但稠度应控制，不得稀稠不匀。然后将乳胶倒入托盘，用滚刷蘸乳胶进行滚涂，滚刷先作横向滚涂，再作纵向滚压，将乳胶赶开，涂平，涂匀。滚涂顺序一般从上而下，从左到右，先边角后棱角，先小面后大面。防止涂料局部过多而发生流坠，滚刷涂不到的阴角处，需用毛刷补齐，不得漏涂。要随时剔除墙上的滚子毛。一面墙面要一气呵成，避免出现接槎刷迹重叠，玷污到其他部位的乳胶要及时清洗干净。

(7) 磨光：第一遍滚涂乳胶结束 4h 后，用细砂纸磨光，若天气潮湿，4h 后未干，应延长间隔时间，待干后再磨。

(8) 涂刷乳胶一般为两遍，亦可根据要求适当增加遍数。每遍涂刷应厚薄一致，充分盖底，表面均匀。

(9) 清扫：清扫飞溅乳胶，清除施工准备时预先覆盖在踢脚板、水、暖、电、卫设备及门窗等部位的遮挡物，如图 2.33 所示。

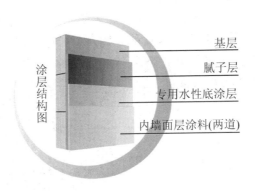

图 2.33　图层结构

2.8.3　防火涂料施工工艺

1. 钢件预处理

(1) 将钢件表面处理干净；
(2) 固定六角孔铅丝网或用底胶水(底胶：水=1：5～7)喷扫基面。

2. 涂料抹合

涂料：水＝1：1(重量比)，用搅拌机搅拌 5～10min，即可使用。

3. 喷(刷)施涂

喷(刷)施涂要在底胶成膜干燥后进行，第一遍厚度控制在1.5cm，待干后方可喷涂第二遍。涂料固化快，故需随用随配制，施工时以15～35℃为好，4℃以下不宜施工。

4. 手工抹光

在最后一遍达到设计厚度时即可。

2.8.4　油漆施工工艺

1. 硝基清漆

1) 工艺要求

(1) 对木料表面进行清扫、起钉、无尘土、污垢等脏物，并用砂纸打磨，水渍、胶渍须打磨干净，铅笔线必须擦干净，边角要磨光。

(2) 刷一遍漆片水，调腻子补洞、缺陷、枪眼等不平处，腻子必须略高于平面，后用砂纸打磨，达到表面平整的要求，且木料表面无浮灰，如图2.34和图2.35所示。

图2.34　腻子

图2.35　用砂纸打磨

(3) 对有色调要求的清漆，应在腻子中调入所需颜料成糊状，用棉纱蘸糊状腻子，均匀涂于木质表面上，干后用砂纸打磨掉浮灰且露出木纹。

(4) 刷一遍漆片水，用毛笔修补颜色，后用砂纸打磨之后刷第一遍硝基清漆。

(5) 共刷6遍硝基清漆且每刷一遍清漆后都用砂纸磨光。

(6) 配件必须用油漆带封贴后方可油漆（包括铜铰链、门锁、猫眼、电器等），如图2.36所示。

图 2.36　油漆

2) 质量要求

(1) 一般油漆应在地面工程，抹灰工程、木装修工程、水暖电气工程等其他对油漆质量有影响工程完工后进行，且施工环境温度不宜低于 10℃。

(2) 油漆涂刷时，基层表面应充分干燥，且表面无尘土、污垢，涂刷后应加以保护防止损伤和尘土污染。

(3) 木基层刷油漆时，应做到横平竖直，交错均匀一致，涂刷顺序为先上后下，先内后外，先浅色后深色，按板的方向理平理直。

(4) 每一遍油漆应待前一遍油漆干燥后进行，木工艺要求硝基清漆涂刷一般不少于 6 遍。若刷亚光清漆在刷第 6 遍漆时换刷亚光硝基清漆，清漆和稀料用量大致比为 1：2。

(5) 对柜内抽斗内不需涂刷油漆处应用腻子进行大面积修补，打磨后并刷一遍漆片。

(6) 清漆表面质量要求见表 2-13。

表 2-13　清漆表面质量要求

项　　次	项　　目	中级涂料(清漆)	高级涂料(清漆)
1	漏刷、脱皮、斑迹	不允许	不允许
2	木纹	棕眼刮平、木纹清楚	棕眼刮平、木纹清楚
3	光亮和光滑	光亮足、光滑	光亮柔和、光滑无挡手感
4	裹棱、流坠、皱皮	大面允许、小面明显处不允许	不允许
5	颜色、刷纹	颜色基本一致，无刷纹	颜色一致，无刷纹
6	五金、玻璃等	洁净	洁净

(7) 在涂刷前应按要求颜色制作油漆样板，并经甲方确认后方可施工，并保留样板。

(8) 木地板施涂涂料不得少于 3 遍，且常用聚氨酯清漆，先刷靠窗户处地板，向门口方向退刷，长条地板要顺木纹方向刷。刷清漆时，要充分用力刷开，刷匀不得漏刷，刷完一遍后应仔细检查，若发现不平处应用腻子补平，干后打磨，若有大块腻子疤痕，进行处理，待第一遍干燥后再刷第二遍，并关闭门窗防止污染。

(9) 对有的木料表面有色斑，颜色不均，或对有高级透明涂饰要求的，需露浅木色的应对木材进行脱色处理。

2. 混水漆

1) 工艺要求

(1) 先补洞，砂光，批灰再砂光，将浮灰擦净。

(2) 刷漆片水一遍后刷带色硝基漆一遍，待油漆干燥后磨光，再刷第二遍带色硝基漆一遍。

(3) 共刷 3 遍带色硝基漆，且每遍刷之前应打磨干布净擦。

木材表面刷涂溶剂型混色涂料的主要操作程序见表 2-14。

表 2-14　木材表面刷涂溶剂型混色涂料的主要操作程序

项　目	工序名称	普　通　级	中　级	高　级
1	清扫、起钉子、除油污等	＋	＋	＋
2	铲去胶水、修补平整	＋	＋	＋
3	磨砂纸	＋	＋	＋
4	节疤处点漆片	＋	＋	＋
5	局部刮腻子、磨光	＋	＋	＋
6	第一遍满刮腻子		＋	＋
7	磨光		＋	＋
8	第二遍满刮腻子			＋
9	磨光			＋
10	刷涂、底层涂料		＋	＋
11	第一遍涂料	＋	＋	＋
12	复补腻子	＋	＋	＋
13	磨光	＋	＋	＋
14	湿布擦净		＋	＋
15	第二遍涂料	＋	＋	＋

项　　目	工序名称	普通级	中　级	高　级
16	磨光（高级涂料用水砂纸）		+	+
17	湿布擦净		+	+
18	第三遍涂料		+	+

注：① 表中"＋"号表示应进行工序；② 木地板刷涂料不得少于 3 遍。

2）质量要求

其质量要求见表 2-15。

表 2-15　木材表面刷涂溶剂型混色涂料的质量要求

项　次	项　　目	普通级涂料	中级涂料	高级涂料
1	脱皮、漏刷、反锈	不允许	不允许	不允许
2	透底、流坠、皱皮	大面不允许	大面和小面明显处不允许	不允许
3	光亮和光滑	光亮均匀一致	光亮光滑均匀一致	光亮足、光滑无挡手感
4	分色裹棱	大面不允许 小面允许偏差3mm	大面不允许、小面允许偏差 2mm	不允许
5	装饰线、分色线平直（拉 5m 线检查）	偏差不大于 3mm	偏差不大于 2mm	偏差不大于 1mm
6	颜色刷纹	颜色一致	颜色一致刷纹通顺	颜色一致，无刷纹
7	五金、玻璃等	洁净	洁净	洁净

注：① 大面是门窗关闭后的里、外面；
　　② 小面明显处是指门窗开启后，除大面外，视线能见到的部位；
　　③ 设备管道喷刷涂银粉涂料，涂抹应均匀一致，光亮足；
　　④ 施涂无光的涂料，无光混色涂料，不检查光亮。

3. 实木门及门套、窗刷(喷)清油漆

其操作工艺如下。

1）基层处理

先将木门窗基层表面上的灰尘、斑迹、胶迹等用刮刀或碎玻璃片刮干净，但须注意不要刮出毛刺，也不要刮破抹灰墙面。然后用 1 号以上砂纸顺木纹精心打磨，先磨线角，后磨四口平面，直到光滑为止。木门窗基层有小块翘皮时，可用小刀撕掉。重皮的地方应用小钉子钉牢固，若重皮较大或有烤糊印疤，应由木工修补，并用酒精漆片点刷。

2) 润色油粉

用大白粉24、松香水16、熟桐油2(重量比)等混合搅拌成色油粉(颜色同样板颜色)，盛在小油桶内。用棉丝蘸油粉反复擦木材表面，擦进木材鬃眼内，然后用麻布或棉丝擦净，线角应及时用竹片除去余粉。应注意墙面及五金上下不得沾染油粉。待油粉干后，用1号砂纸顺木纹轻轻打磨，先磨线角、裁口、后磨四口平面，直到光滑为止。注意保护棱角，不要将鬃眼内油粉磨掉，磨完后用潮布将磨下的粉末、灰尘擦净。

3) 满刮油腻子

腻子配合比为石膏粉：熟桐油=20：7，水适量(重量比)，并加颜料调成石膏色腻子(颜色浅于样板1~2色)，要注意腻子油性不可过大或过小，若过大，刷时不易浸入木质内；若过小，则钻入木质中，这样刷的油色不易均匀，颜色不能一致。用腻子刀或牛角板将腻子刮入钉孔、裂缝、鬃眼内。刮抹时要横抹竖起，遇接缝或节疤较大时，应用铲刀、牛角板将腻子挤入缝隙内，然后抹平，一定要刮平，不留松散腻子。待腻子干透后，用1号砂纸顺木纹轻轻打磨，先磨线角、裁口、后磨四口平面，注意保护棱角，来回打磨至光滑为止，并用潮布将磨下的粉末擦净。

4) 刷油色

先将铅油(或调和漆)、汽油、光油、清油等混合在一起过筛(小笼)，然后倒在小油桶内，使用时经常搅拌，以免沉淀造成颜色一致(颜色同样板颜色)。刷油的顺序应从外向内、从左向右、从上至下进行，并顺着木纹涂刷。刷门窗框时不得碰到墙面上，刷到接头处要轻飘，达到颜色一致；因油色干燥较快，所以刷油运作应快速、敏捷，要求无楼无节，横平竖直，顺油时刷子要轻飘，避免出刷绺。刷木窗时，先刷好框子上部后再刷亮子；待亮子全部刷完后，将梃钩钩住，再刷窗扇；若为双扇窗，应先刷左扇后刷右扇；三扇窗应最后刷中间扇；纱窗扇先刷外面后刷里面。刷木门时，先刷亮子后刷门框、门扇背面，刷完后用小木楔子将门扇固定，前后刷门扇正面；全部刷好后检查是否有漏刷，小五金沾染的油色要及时擦净。油色涂刷要求木材色泽一致，而又盖不住木纹，所以每一个刷面必须一次刷，不留接头，两个刷面交接棱口不要相互沾油，沾油后要及时擦掉，达到颜色一致。

5) 刷第一遍清漆

(1) 刷清漆。其刷法与油色相同，但刷第一遍清漆应略加一些稀料(汽油)撤光，便于快干。因清漆黏性较大，最好使用已用出刷口的旧刷子，刷时要少蘸油，要注意不流、不坠、涂刷均匀。待清漆完全干透后，用1号或旧砂纸彻底打磨一遍，将头遍漆面上的光亮基本打磨掉，再用潮布将粉尘擦掉。

(2) 修补腻子。一般要求刷油色后不抹腻子，特殊情况下，可以用油性略大的带色石膏腻子，修补残缺不全之处，操作时必须用牛角板刮抹，不得损伤漆膜，腻子要收刮干净，光滑无腻子疤(补腻子疤必须点漆片处理)。

(3) 修色。木材表面上的黑斑、节疤、腻子疤和材色不一致处，应用漆片、酒精加色调配(颜色同样板颜色)或由浅至深清漆色调和漆(铅油)和稀释剂调配，材色深的应修浅，浅提深，将深或浅色木料拼成一色，并绘出木纹。

(4) 打砂纸。使用细砂纸轻轻往返打磨，然后用潮布将粉尘擦净

6) 刷第二遍清漆

使用原桶清漆不加稀释剂(冬期可略加催干剂)，刷油操作同前，但刷油动作要敏捷，多刷多理，清漆涂刷得饱满一致，不流不坠，光亮均匀，刷后仔细检查一遍，有毛病及时纠正。刷此遍清漆时，周围环境要整洁，宜暂时禁止通行，最后木门窗用梃钩钩住或用木楔固定牢固。

7) 刷第三遍清漆

待第二遍清漆干透后首先要进行磨光，然后过水布，最后涂刷第三遍清漆。

本 章 小 结

本章介绍了装饰涂料的组成、分类、功能，外墙、内墙、地面、防火涂料的主要技术性能、特点、用途及施工工艺，着重介绍了内墙涂料、外墙涂料、防火涂料、油漆的工艺流程和主要注意的问题。

习　　题

1. 涂刷类饰面的优点和缺点分别是什么？
2. 涂料的主要组成材料是什么？
3. 对建筑涂料中的颜料有何要求？为什么？
4. 怎样选择建筑涂料？
5. 防火涂料阻燃的基本原理有哪些？

第3章

建筑装饰玻璃

技能点

1. 了解饰面玻璃的种类及用途
2. 掌握玻璃施工工艺

难点

玻璃施工工艺

说明

熟悉装饰玻璃的基本知识，了解饰面玻璃的种类及用途，掌握玻璃施工工艺，使学生能够更好地将理论与实践联系起来，实现材料与设计的最佳结合。

3.1 玻璃基础知识

3.1.1 玻璃的生产

玻璃是用石英砂、纯碱、长石和石灰石为主要原料，并加入一些如助熔剂、着色剂、发泡剂、澄清剂等辅助原料，在 1550～1660℃高温下熔融、急速冷却而得到的一种无定形硅酸盐制品，其主要化学成分是 SiO_2(70%左右)、Na_2O、CaO 和少量的 MgO、Al_2O_3、K_2O 等。

玻璃的生产主要由原料加工、计量、混合、熔制、成型和退火等工艺组成。最常见的玻璃是平板玻璃。平板玻璃的生产主要的不同之处在于成型方法，目前常见的成型方法有垂直引上法、水平拉引法、压延法、浮法等。

垂直引上法是引上机从玻璃液面垂直向上拉引玻璃带的方法。水平拉引法是将玻璃带由自由液面向上引拉 70cm 后绕经转向辊再沿水平方向拉引，该方法便于控制拉引速度，可生产特厚和特薄玻璃。压延法是利用一对水平水冷金属压延辊将玻璃展延成玻璃带，由于玻璃是处于可塑状态下压延成型，因此会留下压延辊的痕迹，常常生产压花玻璃和夹丝玻璃。浮法是使熔融的玻璃液流入锡槽，在干净的锡液面上自由摊平，逐渐降温退火加工而成玻璃的方法，是最先进的玻璃生产方法，它具有质量好、产量高、生产的玻璃宽度和厚度调节范围大等特点，而且玻璃自身的缺陷如气泡、结石、玻筋、线道、疙瘩等较少，浮法生产的玻璃经过深加工后可制成各种特种玻璃，如图 3.1～图 3.3 所示。

图 3.1 凯悦酒店一

图 3.2 凯悦酒店二

图 3.3　凯悦酒店三

3.1.2　玻璃的表面加工

在玻璃的生产和使用过程中，常常进行表面加工处理，主要包括：控制玻璃表面的凸凹，使之形成光滑面或散光面，如玻璃的蚀刻、磨光和抛光等；改变表面的薄层，使之具有新的性能，如表面着色、离子交换等；用其他物质在玻璃表面形成薄层使之具有新的性能，如表面镀膜；用物理或化学方法在玻璃表面形成定向应力改善玻璃的力学性质，如钢化。

化学蚀刻和化学抛光是采用氢氟酸对玻璃的强烈腐蚀作用来加工玻璃表面的，如形成具有微小凸凹、极具立体感的文字画像或去除表面瑕疵形成非常光亮的抛光效果等。

玻璃在高温下的离子交换是着色离子扩散到玻璃表层使玻璃着色的过程。

镀膜是在玻璃表面形成金属、金属氧化物或有机物的薄膜，使其对光、热具有不同的吸收和反射效果，可制镜、热反射玻璃、导电膜玻璃、低辐射玻璃等。

玻璃的研磨和抛光是玻璃制品重要的冷加工方法。研磨可去除表面粗糙的部分，并达到所需要的形状和尺寸，抛光可去除玻璃表面呈毛面状态的裂纹层，使之变成光滑、透明具有光泽的表面。目前，随着浮法玻璃的大量生产，由于其本身表面已十分平整光滑，所以目前平板玻璃的研磨和抛光已越来越少，但是对于形状特殊的玻璃制品仍需要进行研磨抛光，如图 3.4～图 3.6 所示。

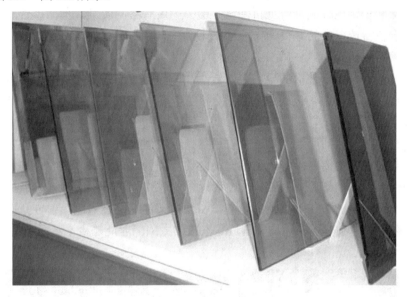

图 3.4　镀膜玻璃

图 3.5　钢化玻璃

图 3.6　钢化玻璃茶几

3.1.3　玻璃的基本性质

玻璃的密度与其化学组成有关，普通玻璃的密度约为 $2.45～2.55g/cm^3$。除玻璃棉和空心玻璃砖外，玻璃内部十分致密，孔隙率非常小。

　　普通玻璃的抗压强度为 600～1200MPa，抗拉强度为 40～120MPa，抗弯强度为 50～130MPa，弹性模量为$(6～7.5)×10^4$MPa。玻璃的抗冲击性很小，是典型的脆性材料。普通玻璃的莫氏硬度为 5.5～6.5，因此玻璃的耐磨性和耐刻划性较高。

　　玻璃的化学稳定性较高，可抵抗除氢氟酸外的所有酸的腐蚀，但耐碱性较差，长期与碱液接触，会使得玻璃中的 SiO_2 溶解受到侵蚀。

　　普通玻璃的比热为 0.33～1.05kJ/(kg·K)，导热系数为 0.73～0.82W/(m·K)。玻璃的热稳定性较差，主要是由于玻璃的导热系数较小，因而会在局部产生温度内应力，会使玻璃因内应力出现裂纹或破裂。玻璃在高温下会产生软化并产生较大的变形，普通玻璃的软化温度为 530～550℃。

　　玻璃的光学性质包括反射系数、吸收系数、透射系数和遮蔽系数 4 个指标。反射的光能、吸收的光能和透射的光能与投射的光能之比分别为反射系数、吸收系数和透射系数。不同厚度不同品种的玻璃反射系数、吸收系数、透射系数均有所不同。将透过 3mm 厚标准透明玻璃的太阳辐射能量作为 1，其他玻璃在同样条件下透过太阳辐射能量的相对值为遮蔽系数，遮蔽系数越小，说明透过玻璃进入室内的太阳辐射能越少，光线越柔和，如图 3.7 所示。

图 3.7　凯悦酒店(用餐区)

3.2　常用建筑装饰玻璃

3.2.1　平板玻璃

平板玻璃是指未经其他加工的平板状玻璃制品，也称白片玻璃或净片玻璃，按厚度分为薄玻璃、厚玻璃、特厚玻璃；按表面状态可分为普通平板玻璃、压花玻璃、磨光玻璃、浮法玻璃等；按生产方法不同，分为普通平板玻璃和浮法玻璃。平板玻璃是建筑玻璃中生产量最大、使用最多的一种，主要用于门窗，起采光、围护、保温、隔声等作用，也是进一步加工成其他技术玻璃的原片，如图 3.8 和图 3.9 所示。

图 3.8　凯悦酒店(卫生间)

1. 平板玻璃的品种和规格

1) 品种

按照国家标准，平板玻璃根据其外观质量进行分等定级，普通平板玻璃分为优等品、一等品和二等品 3 个等级。浮法玻璃分为优等品、一级品和合格品 3 个等级。同时规定，玻璃的弯曲度不得超过 0.3%。

2) 规格

平板玻璃按其用途可分为窗玻璃和装饰玻璃。根据国家标准《普通平板玻璃》(GB 4871—1995)和《浮法玻璃》的规定，玻璃按其厚度可分为以下几种规格。

引拉法生产的普通平板玻璃：2mm、3mm、4mm、5mm 4 类。

浮法玻璃：3mm、4mm、5mm、6mm、8mm、10mm、12mm 7 类。

引拉法生产的玻璃其长宽比不得大于 2.5，其中 2mm、3mm 厚玻璃尺寸不得小于 400mm×300mm，4mm、5mm、6mm 厚玻璃不得小于 600mm×400mm。浮法玻璃尺寸一般不小于 1000mm×1200mm，5mm、6mm 最大可达 3000mm×4000mm。

图 3.9　凯悦酒店(餐厅)

2. 平板玻璃的用途质量标准和外观等级标准

普通平板玻璃质量标准和外观等级标准见表 3-1 和表 3-2。

表 3-1 普通平板玻璃的质量标准(GB 4871—1985)

技术条件		
项　目		允许偏差范围指标
厚度偏差	2mm	±0.15mm
	3mm，4mm	±0.20mm
	5mm	±0.25mm
	6mm	±0.30mm
矩形尺寸	长宽比	不得大于 2.5mm
	最小尺寸[(2，3)×400×300，(4，5，6)×600×400]的尺寸偏差(包括偏斜)	不得超过±3mm
弯　曲　度		不得超过 0.3%
边部凸出或残缺部分		不得超过 3mm
缺　角		一块玻璃只许有一个，沿原角等分线测量不得超过 5mm
透光率(玻璃表面不许有擦不掉的白雾状或棕黄色的附着物)	2mm 厚者	不小于 88%
	3mm 厚者	不小于 86%
	4mm 厚者	不小于 86%
	5mm 厚者	不小于 82%
	6mm 厚者	不小于 82%

表 3-2 普通平板玻璃外观等级标准(GB 4871—1995)

缺陷种类	说　明	优　等　品	一　等　品	合　格　品
波筋(包括波纹辊子花)	不产生变形的最大入射角	60°	45° 50mm 边部，30°	30° 100mm 边部，0°
气泡	长度 1mm 以下的	集中的不许有	集中的不许有	不限
	长度大于 1mm 的每平方米允许个数	≤6mm，6	≤8mm，8 ≥8~10mm，2	≤10mm，12 >10~20mm，2 >20~25mm，1
划伤	宽≤0.1mm 每平方米允许条数	长≤50mm 3	长≤100mm 5	不限
	宽>0.1mm，每平方米允许条数	不许有	宽≤0.4mm 长<100mm 1	宽≤0.8mm 长<100mm 3

缺陷种类	说　明	优 等 品	一 等 品	合 格 品
砂粒	非破坏性的，直径 0.5～2mm，每平方米允许个数	不许有	3	8
疙瘩	非破坏性的疙瘩波及范围直径不大于 3mm，每平方米允许个数	不许有	1	3
线道	正面可以看到的每片玻璃允许条数	不许有	30mm 边部宽≤0.5mm 1	宽≤0.5mm 2
麻点	表面呈现的集中麻点	不许有	不许有	每平方米不超过 3 处
	稀疏的麻点，每平方米允许个数	10	15	30

注：集中气泡、麻点是指 100mm 直径圆面积内超过 6 个。

3. 平板玻璃的用途

平板玻璃的用途有两个方面：3～5mm 的平板玻璃一般直接用于门窗的采光，8～12mm 的平板玻璃可用于隔断。另外的一个重要用途是作为钢化、夹层、镀膜、中空等玻璃的原片。

3.2.2　安全玻璃

安全玻璃是指与普通玻璃相比，力学强度更高、抗冲击能力更强的玻璃。其主要品种有钢化玻璃、夹丝玻璃、夹层玻璃和钛化玻璃。安全玻璃被击碎时，其碎片不会伤人，并兼有防盗、防火的功能。根据生产时所用的玻璃原片不同，安全玻璃具有一定的装饰效果。

1. 钢化玻璃

钢化玻璃又称强化玻璃。它是用物理的或化学的方法，在玻璃表面上形成一个压应力层，玻璃本身具有较高的抗压强度，不会造成破坏。当玻璃受到外力作用时，这个压力层可将部分拉应力抵消，避免玻璃的碎裂，虽然钢化玻璃内部处于较大的拉应力状态，但玻璃的内部无缺陷存在，不会造成破坏，从而达到提高玻璃强度的目的，如图 3.10 所示。

图 3.10 凯悦酒店四

1) 性能特点

(1) 高强度性能。同等厚度的钢化玻璃比普通玻璃抗折强度高 4~5 倍，抗冲击强度也高出许多。钢化玻璃的冲击强度是玻璃的 80 倍，实心板是玻璃的 200 倍，可以防止在运输、安装、使用过程中破碎。

(2) 弹性好。钢化玻璃的弹性比普通玻璃大得多，一块 1200mm×350mm×6mm 的钢化玻璃，受力后可发生达 100mm 的弯曲挠度，当外力撤除后，仍能恢复原状，而普通玻璃弯曲变形只能有几毫米。

(3) 热稳定性高。在受急冷急热时，不易发生炸裂是钢化玻璃的又一特点。这是因为钢化玻璃的压应力可抵消一部分因急冷急热产生的拉应力。钢化玻璃耐热冲击，最大安全工作温度为 288℃，能承受 204℃ 的温差变化。

(4) 阻燃性好。钢化玻璃的自燃温度 630℃(木材为 220℃)，经国家防火建筑材料质量监督检测中心测试，钢化玻璃燃烧性达到 GB(8624—1997 难燃 B1 级)，属于难燃性工程材料。

(5) 化学抗腐性强。钢化玻璃具有良好的化学抗腐性，在室温下能耐各种有机酸、无机酸、弱酸、植物油、中性盐溶液、脂肪族烃及酒精的侵蚀。

(6) 透光性高。钢化玻璃在可见光和近红外线光谱内有最高透光率。视颜色不同，透光率可达 12%~88%。

(7) 抗紫外线，防老化。钢化玻璃表面含防紫外线共挤层，户外耐候性好，长期使用保持良好的光学特性和机械特性。

(8) 安全性好。通过物理方法处理后的钢化玻璃，由于内部产生了均匀的内应力，一旦局部破损就会破碎成无数小块，这些小碎块没有尖锐的棱角，不易伤人，所以物理钢化玻璃是一种安全玻璃。钢化玻璃的物理力学性能要求见表 3-3，如图 3.11 所示。

图 3.11　凯悦酒店五

表 3-3　钢化玻璃的物理力学性能要求(GB 9963—1988)

项　目		试验条件	要　求
抗冲击性		用直径为 63.5mm、质量为 1040g 的钢球，自 1000mm 处自由落下冲击试样(610mm×610mm)	6 块试样中，破坏数不超过 1 块
碎片状态	I 类	厚度为 4mm 时，用直径为 63.5mm、质量为 1040g 的钢球自 1500mm 处自由落下冲击试样 (610mm×610mm)，试样不破时，逐次将钢球提高 500mm，直至试样破碎。并在 5min 内称量	所有 5 块试样中最大碎片的质量不得超过 15g
		厚度大于或等于 5mm 时，用成品作为试样，用尖端曲率半径为(2.2±0.05)mm 的小锤或冲头将试样击碎	每块试样在 50mm×50mm 区域内的碎片数必须超过 40 个
	II 类	用质量为(45±0.1)kg 的冲击体(装有 φ 2.5mm 铅砂的皮革袋)从 1200～2300mm 高处摆式自由落下冲击试样(864mm×1930mm)，使之破坏	4 块试样全部破坏并且每块试样的最大 10 块碎片质量的总和不得超过相当于试样的 65cm^2 面积的质量
	III 类	应全部符合 I 类和 II 类钢化玻璃的规定	

续表

项　目	试验条件	要　求
抗弯强度	试样尺寸 300mm×300mm	30 块试样的平均值不得低于 200MPa
可见光透射比	按 GB 5137.2 进行	供需双方商定
热稳定性	(1) 在室温放置 2h 的试样(300mm×300mm)的中心浇注开始熔融的铅液(327.5℃) (2) 同一块试样加热至 200℃并保持 0.5h,之后取出投入 25℃水中	均不应破碎

2) 钢化玻璃的应用

　　由于钢化玻璃具有较好的机械性能和热稳定性,所以在建筑工程、交通工具及其他领域内得到广泛的应用。平面钢化玻璃常用作建筑物的门窗、隔墙、幕墙及橱窗、家具等,曲面钢化玻璃常用于汽车、火车及飞机等,如图 3.12 所示。

图 3.12　汽车

2. 夹丝玻璃

　　夹丝玻璃也称防碎玻璃或钢丝玻璃。它是由压延法生产的,即在玻璃熔融状态下将经预热处理的钢丝或钢丝网压入玻璃中间,经退火、切割而成。夹丝玻璃表面可以是压花的或磨光的,颜色可以制成无色透明或彩色的,如图 3.13 所示。

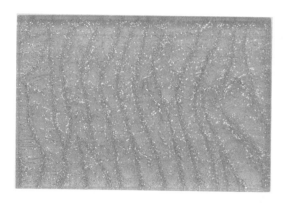

图 3.13　夹丝玻璃

1) 夹丝玻璃的特点

夹丝玻璃的特点是安全性和防火性好。夹丝玻璃由于钢丝网的骨架作用，不仅提高了玻璃的强度，而且当受到冲击或温度骤变而破坏时，碎片也不会飞散，避免了碎片对人的伤害。在出现火情时，夹丝玻璃受热炸裂，由于金属丝网的作用，玻璃仍能保持固定，隔绝火焰，故又称为防火玻璃，如图 3.14 所示(效果图见彩插第 2 页)。

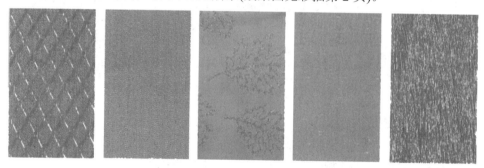

图 3.14　多种夹丝玻璃

2) 夹丝玻璃的规格

根据国家行业标准 JC 433—1991 规定，夹丝玻璃厚度分为：6mm、7mm、10mm，规格尺寸一般不小于 600mm×400mm，不大于 2000mm×1200mm。夹丝玻璃的外观质量要求、外观质量标准、尺寸允许偏差分别见表 3-4～表 3-6。

3) 夹丝玻璃的用途

夹丝玻璃主要用于天窗、天棚、阳台、楼梯、电梯井和易受震动的门窗以及防水门窗等处。以彩色玻璃原片制成的彩色夹丝玻璃，其色彩与内部隐隐出现的金属丝网相配，具有较好的装饰效果，如图 3.15 所示(效果图见彩插第 2 页)。

图 3.15　国际俱乐部

表 3-4　夹丝玻璃外观质量要求

项　目	说　明	一　等　品	二　等　品
磨　伤	粗 100mm，长 100～200mm	不得超过 6 条	不限
杂　色	非玻璃本身的染色	允许有轻度的黄色边部 100mm 内允许有色斑、色带	不限
砂　粒	0.5～2mm 的，每平方米内允许个数	5 个	10 个
开口皱纹	—	不允许有	不允许有
压辊线	因设备条件不良，造成的板面横线条	不允许有	不允许有

表 3-5　夹丝玻璃的外观质量标准

项　目	说　明	优　等　品	一　等　品	合　格　品
气　泡	直径 3～6mm 圆泡，每平方米面积内允许个数	5	数量不限，但不允许密集	
	长泡，每平方米面积内允许个数	长 6～8mm 2	长 6～10mm 10	长 6～10mm 10 长 10～20mm 4
花纹变形	花纹变形程度	不允许有明显的花纹变形		不规定

续表

项 目	说 明	优 等 品	一 等 品	合 格 品
异 物	破坏性的	不允许		
	直径 0.5～2.0mm 非破坏性的,每平方米面积内允许个数	3	5	10
裂 纹	—	目测不能识别		不影响使用
磨 伤	—	轻微		不影响使用
金属丝	金属丝夹入玻璃内状态	应完全夹入玻璃内,不得露出表面		
	脱焊	不允许	距边部 30mm 内不限	距边部 100mm 内不限
	断线	不允许		
	接头	不允许	目测看不见	

表 3-6　夹丝玻璃尺寸允许偏差

项　目			允许偏差范围
厚度	优等品	6	±0.5
		7	±0.6
		10	±0.9
	一等品	6	±0.6
		7	±0.7
		10	±1.0
弯曲度/%		夹丝压花玻璃应在	1.0 以内
		夹丝磨光玻璃应在	0.5 以内
边部凸出、缺口的尺寸不超过			6
偏斜的尺寸不得超过			4
片玻璃只允许有一个缺角,缺角的深度不得超过			6

3. 夹层玻璃

夹层玻璃是在两片或多片玻璃原片之间,用 PVB(聚乙烯醇丁醛)树脂胶片,经过加热、加压黏合而成的平面或曲面的复合玻璃制品。用于夹层玻璃的原片可以是普通平板玻璃、浮法玻璃、钢化玻璃、彩色玻璃、吸热玻璃或热反射玻璃等,如图 3.16 所示(效果图见彩插第 2 页)。

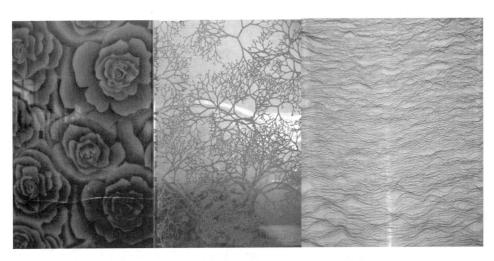

图 3.16　夹层玻璃

　　夹层玻璃的层数有 2、3、5、7 层，最多可达 9 层，对两层的夹层玻璃，原片的厚度常用的有(mm)：2+3、3+3、3+5 等。夹层玻璃的透明性好，抗冲击性能要比一般平板玻璃高好几倍，用多层普通玻璃或钢化玻璃复合起来，可制成防弹玻璃。由于 PVB 胶片的黏合作用，即使玻璃破碎时，碎片也不会飞扬伤人。通过采用不同的原片玻璃，夹层玻璃还可具有耐久、耐热、耐湿等性能，如图 3.17 所示。夹层玻璃的物理力学性能见表 3-7。

图 3.17　夹层玻璃性能

夹层玻璃有着较高的安全性，一般在建筑上用作高层建筑门窗、天窗和商店、银行、珠宝的橱窗、隔断等。

表 3-7　夹层玻璃的物理力学性能(GB 9962—1988)

项　目	试验条件	要　求
耐热性	试样(300mm×300mm)100℃下保持 2h	允许玻璃出现裂缝，但距边部或裂缝超过 13mm 处不允许有影响使用的气泡或其他缺陷产生
耐辐射性	750W 无臭氧石英管式中压水银蒸汽弧光灯辐射 100h。辐射时保持试样温度为(45±5)℃	3 块试样试验后均不可产生显著变色、气泡及浑浊现象，并且辐射前后可见光透射比的相对减少率不大于 10%
抗冲击性	用直径为 63.5mm，质量为 1040g 的钢球从 1200mm 处自由落下冲击试样(610mm×610mm)	6 块试样中应有 5 块或 5 块以上符合下述条件之一时为合格。①玻璃不得破坏；②如果玻璃破坏，中间膜不得断裂或不得因玻璃剥落而暴露
抗穿透性	用质量为(45±0.1)kg 的冲击体(装有 φ 2.5mm 铅砂的皮革袋)从 300～2300mm 高处摆式自由落下冲击试样(864mm×1930mm)	构成夹层玻璃的两块玻璃板应全部破坏，但破坏部分不可产生使直径 75mm 的球自由通过的开口

4. 钛化玻璃

钛化玻璃也称永不碎铁甲箔膜玻璃，是将钛金箔膜紧贴在任意一种玻璃基材之上，使之结合成一体的新型玻璃。钛化玻璃具有高抗碎能力，高防热及防紫外线等功能。不同的基材玻璃与不同的钛金箔膜可组合成不同色泽、不同性能、不同规格的钛化玻璃。钛化玻璃常见的颜色有：无色透明、茶色、茶色反光、铜色反光等。

3.2.3　节能型玻璃

传统的玻璃应用在建筑物上主要是采光，随着建筑物门窗尺寸的加大，人们对门窗的保温隔热要求也相应地提高了，节能装饰型玻璃就是能够满足这种要求，集节能性和装饰性于一体的玻璃。节能装饰型玻璃通常具有令人赏心悦目的外观色彩，而且还具有特殊的对光和热的吸收、透射和反射能力，用建筑物的外墙窗玻璃幕墙，可以起到显著的节能效果，现已被广泛地应用于各种高级建筑物之上。建筑上常用的节能装饰玻璃有吸热玻璃、热反射玻璃和中空玻璃等，如图 3.18 所示。

图 3.18　凯悦酒店(外观)一

1. 吸热玻璃

吸热玻璃是能吸收大量红外线辐射能,并保持较高可见光透过率的平板玻璃。生产吸热玻璃的方法有两种:一种是在普通钠钙硅酸盐玻璃的原料中加入一定量的有吸热性能的着色剂;另一种是在平板玻璃表面喷镀一层或多层金属或金属氧化物薄膜。

吸热玻璃有灰色、茶色、蓝色、绿色、古铜色、青铜色、粉红色和金黄色等。我国目前主要生产前 3 种颜色的吸热玻璃。厚度有 2mm、3mm、5mm、6mm 4 种。吸热玻璃还可以进一步加工制成磨光、钢化、夹层或中空玻璃。

吸热玻璃与普通平板玻璃相比具有如下特点。

(1) 吸收太阳辐射热,产生冷房效应,节约冷气消耗。如 6mm 厚的透明浮法玻璃,在太阳光照下总透过热为 84%,而同样条件下吸热玻璃的总透过热量为 60%。吸热玻璃的颜色和厚度不同,对太阳辐射热的吸收程度也不同。

(2) 吸收太阳可见光,减弱太阳光的强度,起到反眩作用,可以使刺眼的阳光变得柔和、舒适。

(3) 具有一定的透明度,并能吸收一定的紫外线,减轻了紫外线对人体和室内物品的损坏。

由于上述特点,吸热玻璃已广泛用于建筑物的门窗、外墙以及车、船挡风玻璃等,起到隔热、防眩、采光及装饰等作用,如图 3.19 所示。

图 3.19 凯悦酒店(外观)二

2. 热反射玻璃

热反射玻璃是有较高的热反射能力而又保持良好透光性的平板玻璃,它采用热解法、真空蒸镀法、阴极溅射法等,在玻璃表面涂以金、银、铜、铝、铬、镍和铁等金属或金属氧化物薄膜,或采用电浮法等离子交换方法,以金属离子置换玻璃表层原有离子而形成热反射膜。热反射玻璃也称镜面玻璃,有金色、茶色、灰色、紫色、褐色、青铜色和浅蓝等颜色。

热反射玻璃的热反射率高,如 6mm 厚浮法玻璃的总反射热仅 16%,同样条件下,吸热玻璃的总反射热为 40%,而热反射玻璃则可高达 61%,因而常用它制成中空玻璃或夹层玻璃,以增加其绝热性能。镀金属膜的热反射玻璃还有单向透像的作用,即白天能在室内看到室外的景物,而室外看不到室内的景象。

3.2.4 结构玻璃

结构玻璃可用于建筑物的各主要部位,如门窗、内外墙、透光屋面、顶棚材料以及地坪等,是现代建筑的一种围护结构材料,这种围护材料不仅具有特定的功能作用,而且能使建筑物多姿多彩。结构玻璃主要品种有：玻璃幕墙、玻璃砖、异形玻璃、仿石玻璃等，如图 3.20 和图 3.21 所示。

图 3.20　北京网通(大厅)

图 3.21　北京网通(大厅顶棚)

1. 玻璃幕墙

1) 玻璃幕墙的作用与形式

玻璃幕墙建筑是用铝合金或其他金属轧成的空腹型杆件做骨架，用玻璃封闭而成围护墙的建筑。玻璃幕墙是以铝合金型材为边框，玻璃为外敷面，内衬以色热材料的复合墙体，并用结构胶进行密封。

玻璃幕墙所用的玻璃已由浮法玻璃、钢化玻璃发展到吸热玻璃、热反射玻璃、中空玻璃等，其中热反射玻璃是玻璃幕墙采用的主要品种。这种幕墙在专门的工厂生产，按建筑设计和施工要求安装在建筑物外墙上，就成了装饰性良好的外墙。玻璃幕墙的结构形式分为元件式、单元式、元件—单元式、嵌板式、包柱式这 5 种形式，如图 3.22～图 3.25 所示。

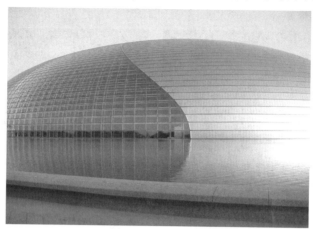

图 3.22　国家大剧院

2) 玻璃幕墙的设计要点

(1) 满足结构的强度及安全性。幕墙结构的强度和安全性是幕墙设计的首要任务。幕墙的自重可使横框构件产生垂直挠曲，全部元件都会沿着风荷作用方向产生水平挠曲，而挠度的大小，决定着幕墙的正常功能和接缝的密封性能。过大的挠度会导致玻璃的破裂，同时框架构件在风荷的作用下，由于竖挺和横框各自的惯性矩设计不当，挠曲得不到平衡，则使缝隙产生不同的挠度值，从而导致幕墙的渗漏。

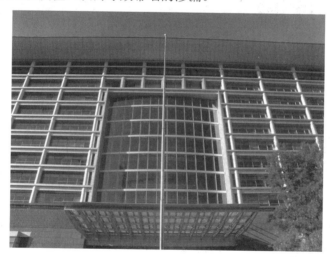

图 3.23　工商银行总行办公楼

(2) 控制活动量。幕墙设计时要考虑构件之间的相对活动量和附加于墙和建筑框架之间的相对活动量。这种活动不仅是由于风力作用，也是由于重力的作用而产生的。这些活动导致了建筑框架变形或移位，因此在设计中不能轻视这些活动量。温度变化产生的膨胀和收缩是产生活动量的重要因素，由于幕墙边框为铝合金材料，膨胀系数比较大，故设计幕墙时，必须考虑接缝的活动量。

图 3.24　嘉华大厦

(3) 控制风雨泄漏。幕墙技术的最新发展是采用"等压原理"结构来防止雨水渗透的。简言之，就是要有一个通气孔，使外墙表面与内墙表面之间形成一个空气腔，腔内压力与墙外压力保持相等，而空气腔与室内墙表面密封隔绝，防止空气通过，这种结构大大提高了防风雨泄漏的能力。

(4) 控制热量传递。幕墙构造的主要特点之一是采用高效隔热措施，嵌入金属框架内的隔热材料是至关重要的。如采用隔热性能良好的中空玻璃或热反射镀膜玻璃作为镶嵌隔热材料的透明部分，不透明部分多数是用低密度、多孔洞、抗压强度很低的保温隔热材料。因此，需进行密封处理和内外两面施加防护措施，一般由 3 个主要部分构成，即外表面防护层、中间隔热层和内表面防护层。

图 3.25　索尼研发中心(外观)

(5) 控制噪声。幕墙建筑外部的噪声一般是通过幕墙结构的缝隙传递到室内的，应通过幕墙的精心设计与施工组装处理好幕墙结构之间的缝隙，避免噪声传入。幕墙建筑室内噪声可通过幕墙传递到同一建筑物的其他室内，可采用吸声天花板、吸声地板等措施加以克服。

(6) 控制凝结水汽。在幕墙设计中，必须考虑将框架型腔内的冷凝水排出，同时还要充分考虑防止墙壁内部产生水凝结，否则会降低幕墙的保温性能，并产生锈蚀，影响使用寿命。

(7) 调整方向。安装时必须对垂直、水平和前后 3 个方向进行调整。

2. 玻璃砖

玻璃砖有空心和实心两类，如图 3.26(效果图见彩插第 2 页)和图 3.27 所示，它们均具有透光而不透视的特点。空心玻璃砖又有单腔和双腔两种。空心玻璃砖具有较好的绝热、隔声效果，双腔玻璃砖的色热性能更佳，它在建筑上的应用更广泛。

玻璃砖的形状和尺寸有多种，砖的内外表面可制成光面或凹凸花纹面，有无色透明或彩色多种。形状有正方形、矩形以及各种异形砖，规格尺寸以 115mm、145mm、240mm、300mm 的正方形居多。

　　玻璃砖的透光率为 40%～80%。钠钙硅酸盐玻璃制成的玻璃砖，其膨胀系数与烧结黏土砖和混凝土均不相同，因此砌筑时在玻璃砖与混凝土或黏土砖连接处应加弹性衬垫，起缓冲作用。砌筑玻璃砖可采用水泥砂浆，还可用钢筋作加筋材料埋入水泥砂浆砌缝内。

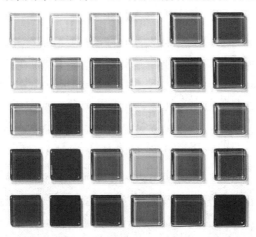

图 3.26　实心玻璃砖

图 3.27　空心玻璃砖

　　玻璃砖主要用作建筑物的透光墙体、淋浴隔断、楼梯间、门厅、通道等和需要控制透光、眩光和阳光直射的场合。某些特殊建筑为了防火或严格控制室内温度、湿度等要求，不允许开窗，使用玻璃砖既可满足上述要求又解决了采光问题。

除上述两种产品之外，结构玻璃还有异形玻璃、仿石玻璃等多种产品。

3.2.5 饰面玻璃

1. 彩色平板玻璃

彩色平板玻璃有透明和不透明两种。透明的彩色玻璃是在玻璃原料中加入一定量的金属氧化物制成的；不透明彩色玻璃是经过退火处理的一种饰面玻璃，可以切割，但经过钢化处理的不能再进行切割加工。

彩色平板玻璃的颜色有茶色、海洋蓝色、宝石蓝色、翡翠绿等。彩色玻璃可以拼成各种图案，并有耐腐蚀、抗冲刷、易清洗等特点，主要用于建筑物的内外墙、门窗装饰及对光线有特殊要求的部位，如图 3.28 所示(效果见彩插第 2 页)。

图 3.28　天津万丽泰达大堂

2. 釉面玻璃

釉面玻璃是指在按一定尺寸切裁好的玻璃表面上涂敷一层彩色易熔的釉料，经过烧结、退火或钢化等处理，使釉层与玻璃牢固结合，制成的具有美丽色彩或图案的玻璃。它一般以平板玻璃为基材。其特点是：图案精美，不褪色，不掉色，易于清洗，可按用户的要求或艺术设计图案制作。釉面玻璃具有良好的化学稳定性和装饰性，广泛适用于各种家具装饰外观材料，建筑装饰的内外墙面饰面、门窗和墙壁等，如图 3.29 所示(效果图见彩插第 2 页)。

图 3.29　净雅(金宝街)

3. 压花玻璃

压花玻璃又称花纹玻璃或滚花玻璃，是采用压延方法制造的一种平板玻璃，制造工艺分为单辊法和双辊法。单辊法是将玻璃液浇注到压延成型台上，台面可以用铸铁或铸钢制成，台面或轧辊刻有花纹，轧辊在玻璃液面碾压，制成压花玻璃再送入退火窑。双辊法生产压花玻璃又分为半连续压延和连续压延两种工艺，玻璃液通过水冷的一对轧辊，随辊子转动向前拉引至退火窑，一般下辊表面有凹凸花纹，上辊是抛光辊，从而制成单面有图案的压花玻璃。压花玻璃分普通压花玻璃、真空冷膜压花玻璃和彩色膜压花玻璃 3 种，一般规格为 800mm×700mm×3mm。

压花玻璃具有透光不透视的特点，其表面有各种图案花纹且表面凹凸不平，当光线通过时产生漫反射，因此从玻璃的一面看另一面时，物像模糊不清。压花玻璃由于其表有各种花纹，具有一定的艺术效果，多用于建筑的室内间隔，卫生间门窗及需要阻断视线的各种场合。使用时应将花纹朝向室内，如图 3.30 所示(效果图见彩插第 2 页)。

4. 玻璃锦砖

玻璃锦砖又称玻璃马赛克，它含有未熔融的微小晶体(主要是石英)的乳浊状半透明玻璃质材料，是一种小规格的装饰玻璃制品。其一般尺寸为(mm)：20×20、30×30、40×40，厚 4～6mm，背面有槽纹，有利于与基面黏结。其成联、黏结及施工与陶瓷锦砖基本相同。

玻璃锦砖颜色绚丽，色泽众多，且有透明、半透明和不透明 3 种。它的化学成分稳定，热稳定性好，是一种良好的外墙装饰材料，如图 3.31 所示(效果图见彩插第 2 页)。

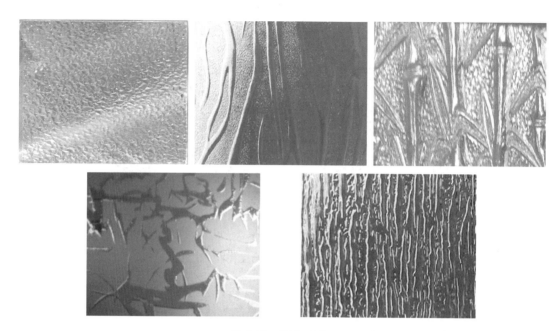

图 3.30　压花玻璃

5. 喷花玻璃

喷花玻璃又称胶花玻璃，是在平板玻璃表面贴以图案，抹以保护层，经喷砂处理形成透明与不透明相间的图案。喷花玻璃给人以高雅、美观的感觉，适用于室内门窗、隔断和采光。喷花玻璃的厚度一般为 6mm。

6. 乳花玻璃

乳花玻璃是新近出现的装饰玻璃，它的外观与胶花玻璃相近。乳花玻璃是在平板玻璃的一面贴上图案，抹以保护层，经化学处理蚀刻而成的。它的花纹清新、美丽，富有装饰性。乳花玻璃一般厚度为 3~5mm。适用于门窗、隔断，如图 3.32 所示。

7. 刻花玻璃

刻花玻璃是由平板玻璃经涂漆、雕刻、围蜡与酸蚀、研磨而成的。图案的立体感非常强，似浮雕一般，在室内灯光的照射下，更是熠熠生辉。刻花玻璃主要用于高档场所的室内隔断或屏风。刻花玻璃一般是按用户要求定制加工，最大规格为 2400mm×2000mm。

图 3.31　玻璃马赛克

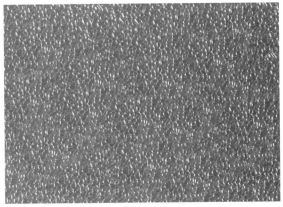

图 3.32　装饰玻璃

8. 冰花玻璃

冰花玻璃是表面具有冰花图案的平板玻璃，属于漫射玻璃。一般是在磨砂玻璃的表面均匀地涂布骨胶水溶液，经自然干燥或人工干燥后，胶溶液胶水收缩而均裂，从玻璃表面胶落。由于骨胶和玻璃表面之间的强大黏结力，骨胶在脱落时使一部分玻璃表面剥落，从而在玻璃表面上形成不规则的冰花图案。胶液浓度越高，冰花图案越大，反之则越小。主要用于建筑物门、窗、屏风、隔断和灯具等，如图 3.33 和图 3.34 所示。

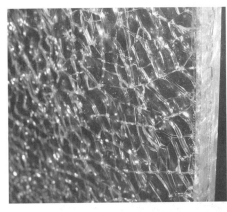

图 3.33　冰花玻璃

图 3.34　假日酒店内部

冰花玻璃可用无色平板玻璃制造，也可用茶色、蓝色、绿色等彩色玻璃制造。其装饰效果优于压花玻璃，给人以清新之感，是一种新型的室内装饰玻璃。可用于宾馆、酒楼等场所的门窗、隔断、屏风和家庭装饰。目前最大规格尺寸为 2400mm×1800mm。

9. 镜面玻璃

镜面玻璃即镜子，指玻璃表面通过化学(银镜反应)或物理(真空铝)等方法形成反射率极强的镜面反射玻璃制品。为提高装饰效果，在镀镜之前可对原片玻璃进行彩绘、磨刻、喷砂、化学蚀刻等加工，形成具有各种花纹图案或精美字画的镜面玻璃。

常用的镜面玻璃有明镜、墨镜(也称黑镜)、彩绘镜和雕刻镜这 4 种。在装饰工程中常利用镜子的反射和折射来增加空间感和距离感，或改变光照效果。

10. 磨(喷)砂玻璃

磨(喷)砂玻璃又称为毛玻璃，是经研磨、喷砂加工，使表面均匀粗糙的平板玻璃。用硅砂、金刚砂或刚玉砂等作研磨材料，加水研磨制成的称为磨砂玻璃；用压缩空气将细砂喷射到玻璃表面而成的称为喷砂玻璃。

玻璃表面被处理成均匀粗糙毛面，使透入光线产生漫反射，具有透光而不透视的特点。用磨砂玻璃进行装饰可使室内光线柔和而不刺目。主要应用于建筑物的厕所、浴室、办公室门、窗、间隔墙等，可以隔断视线，柔和光环境。磨砂玻璃还可用作黑板，如图 3.35 和图 3.36 所示。

图 3.35　索尼设计院休息区

图 3.36　特变电工接待区

11. 镭射玻璃

镭射(英文 Laser 的音译)玻璃是国际上十分流行的一种新型建筑装饰材料。在玻璃或透明有机涤纶薄膜上涂敷一层感光层，利用激光在上面刻划出任意的几何光栅或全息光栅，镀上铝(或银、铝)再涂上保护漆，就制成了镭射玻璃。

镭射玻璃的特点在于，当它处于任何光源照射下时，都将因衍射作用而产生色彩的变化；而且，对于同一受光点或受光面而言，随着入射光角度及人的视角的不同，所产生的光的色彩及图案也将不同。五光十色的变幻给人以神奇、华贵和迷人的感受，其装饰效果是其他材料无法比拟的。

镭射玻璃大体上可分为两类：一类是以普通平板玻璃为基材制成的，主要用于墙面、窗户和顶棚等部位的装饰；另一类是以钢化玻璃为基材制成的，主要用于地面装饰。此外，还有专门用于柱面装饰的曲面镭射玻璃，专门用于大面积幕墙的夹层镭射玻璃以及镭射玻璃砖等。

镭射玻璃的技术性质十分优良。镭射钢化玻璃地砖的抗冲击、耐磨、硬度等性能均优于大理石，与花岗石相近。镭射玻璃的耐老化寿命是塑料的 10 倍以上，在正常使用情况下，其寿命大于 50 年。镭射玻璃的反射率可在 10%～90%的范围内任意调整，因此可最大限度地满足用户的要求。

目前国内生产的镭射玻璃的最大尺寸为 1000mm×2000mm。在此范围内有多种规格的产品可供选择。

镭射玻璃是用于宾馆、饭店、电影院等文化娱乐场所以及商业设施装饰的理想材料，也适用于民用住宅的顶棚、地面、墙面及封闭阳台等的装饰。此外，还可用于制作家具、灯饰及其他装饰性物品。

3.2.6 光电玻璃

1. 调光玻璃

调光玻璃是一款将液晶膜复合进两层玻璃中间，经高温高压胶合后一体成型的夹层结构的新型特种光电玻璃。调光玻璃属于建筑装饰特种玻璃，又称为电子窗帘。可以自由切换空间的通透性，玻璃本身不仅具有一切安全玻璃的特性，同时又具备控制玻璃透明与否的隐私保护功能。调光玻璃可以作为投影屏幕使用，替代普通幕布，在玻璃上呈现高清画面图像；可以作办公区域、会议室、监控室隔断；可以应用在家居中的阳台飘窗、空间隔断及家庭影院的幕布；还可以在商场、博物馆、展览馆、银行中防盗应用。

根据控制手段及原理的异同，调光玻璃可藉由电控、温控、光控、压控等各种方式实现玻璃透明与不透明状态的切换。居于各种条件限制，目前市面上实现量产的调光玻璃，几乎都是电控型调光玻璃电控调光玻璃的原理是，当关闭电源时，电控调光玻璃里面的液晶分子呈现散布状态，光线无法射入，玻璃呈不透明的外观；通电后，里面的液晶分子呈现透明状态，光线可以自由穿透，如图 3.37 所示。

调光前效果　　　　　　　　　　　调光后效果

图 3.37　调光玻璃效果

2. LED 玻璃

LED 玻璃(LED Glass)又称通电发光玻璃、电控发光玻璃。是一种具有多重扩展性的高科技玻璃建材。其技术核心是在 LOW-E 玻璃上集成定制的 LED 贴片,通过电路控制来呈现光电效果。LED 玻璃具有通透、防爆、防水、防紫外线、可设计等特点,主要用于室内外装饰、家具设计、灯管照明设计、室外幕墙玻璃、阳光房设计等领域。

LED 玻璃是一种 LED 光源与玻璃的完美结合,可预先在玻璃内部设计图案,通过 DMX 全数字智能技术自由掌控 LED 光源的变化。LED 玻璃符合建筑安全玻璃特征,而且还有一定的亮化、节能等特性,如图 3.38 所示。

图 3.38　LED 玻璃效果

3.3　玻璃施工工艺

3.3.1　玻璃安装方法

(1) 工艺流程如下。

玻璃挑选、裁制→分规格码放→安装前擦净→刮底油灰→镶嵌玻璃→刮油灰→净边。

(2) 将需要安装的玻璃按部位分规格、数量分别将已裁好的玻璃就位；分送的数量应以当天安装的数量为准，不宜过多，以减少搬运和减少玻璃的损耗。

(3) 一般安装顺序应按先安外门窗、后安内门窗，先西北面后东南面的顺序安装；若劳动力允许，也可同时进行安装。

(4) 玻璃安装前应清理裁口。先在玻璃底面与裁口之间，沿裁口的全长均匀涂抹 1～3mm 厚的底油灰，接着把玻璃推铺平整、压实，然后收净底灰，如图 3.39 所示。

图 3.39　清理裁口　　　　　　　　图 3.40　玻璃安装

(5) 玻璃推平、压实后，4 边分别钉上钉子，钉子的间距为 150～200mm，每边应不少于两个钉子，钉完后用手轻敲玻璃，响声坚实，说明玻璃安装平实；如果响声拍拉拍拉，说明油灰不严，要重新取下玻璃，铺实底油灰后，再推压挤平，然后用油灰填实，将灰边压平压光；当采用木压条固定时，应先涂一遍干性油，并不得将玻璃压得过紧，如图 3.40～图 3.42 所示。

(6) 钢门窗安装玻璃，应用钢丝卡固定，钢丝卡间距不得大于 300mm，且每边不得少于两个，并用油灰填实抹光；如果采用橡皮垫，应先将橡皮垫嵌入裁口内，并用压条和螺钉加以固定。

(7) 安装斜天窗的玻璃，当设计无要求时，应采用夹丝玻璃，并应从顺流水方向盖叠安装，盖叠搭接的长度应视天窗的坡度而定，当坡度为 1/4 或大于 1/4 时，不小于 30mm；坡度小于 1/4 时，不小于 50mm，盖叠处应用钢丝卡固定，并在缝隙中用密封膏嵌填密实；当采用平板玻璃时，要在玻璃下面加设一层镀锌铅丝网。

图 3.41　玻璃推平压实

图 3.42　压条固定

(8) 若安装彩色玻璃和压花玻璃，应按照设计图案仔细裁割，拼缝必须吻合，不允许出现错位松动和斜曲等缺陷。

(9) 玻璃砖的安装应符合下列规定。

安装玻璃砖的墙、隔断和顶棚的骨架，应与结构连接牢固；玻璃砖应排列均匀整齐，图形符合设计要求，表面平整，嵌缝的油灰或密封膏应饱满密实。

(10) 阳台、楼梯间或楼梯栏板等围护结构安装钢化玻璃时，应按设计要求用卡紧螺钉或压条镶嵌固定；在玻璃与金属框格相连接处，应衬垫橡皮条或塑料垫。

(11) 安装压花玻璃或磨砂玻璃时，压花玻璃的花面应向室外，磨砂玻璃的磨砂面应向室内。

(12) 安装玻璃隔断时，隔断上柜的顶面应有适量缝隙，以防止结构变形，将玻璃挤压损坏，如图 3.43 所示。

图 3.43　玻璃隔断安装

(13) 死扇玻璃安装，应先用扁铲将木压条撬出，同时退出压条上的小钉子，并在裁口处抹上底油灰，把玻璃推铺平整，然后嵌好 4 边木压条将钉子钉牢，将底灰修好、刮净。

(14) 安装中空玻璃及面积大于 $0.65m^2$ 的玻璃时，安装于竖框中的玻璃，应放在两块定位垫块上，定位垫块距玻璃垂直边缘的距离为玻璃宽的 1/4，且不宜小于 150mm。安装窗中玻璃，按开启方向确定定位垫块位置，定位垫块宽度应大于玻璃的厚度，长度不宜小于 25mm，并应符合设计要求。

(15) 铝合金框扇玻璃安装时，玻璃就位后，其边缘不得与框扇及其连接件相接触，所留间隙应符合有关标准的规定。所用材料不得影响泄水孔；密封膏封贴缝口，封贴的宽度及深度应符合设计要求，必须密实、平整、光洁。

(16) 玻璃安装后，应进行清理，将油灰、钉子、钢丝卡及木压条等随手清理干净，关好门窗，如图 3.44 所示。

图 3.44 玻璃隔断

(17) 冬期施工应在已安装好玻璃的室内作业，温度应在正常温度以上；存放玻璃的库房与作业面温度不能相差过大，玻璃若从过冷或过热的环境中运入操作地点，应待玻璃温度与室内温度相近后再行安装；若条件允许，要将预先裁割好的玻璃提前运入作业地点。外墙铝合金框、窗玻璃不宜冬期安装。

3.3.2 玻璃安装要求

(1) 玻璃品种、规格、色彩、朝向及安装方法等必须符合设计要求及有关标准的规定。

(2) 玻璃裁割尺寸正确，安装必须平整、牢固，无松动现象。

(3) 油灰底灰饱满，油灰与玻璃、裁口黏结牢固，边缘与裁口齐平，四角呈 8 字形，表面光滑，无裂缝、麻面和皱皮。

(4) 固定玻璃的钉子或钢丝卡的数量应符合施工规范的规定，规格应符合要求，并不得露出油灰表面。

(5) 木压条镶钉应与裁口边沿紧贴齐平，割角整齐，连接紧密，不露钉帽。

(6) 橡皮垫与裁口、玻璃及压条紧贴，整齐一致。

(7) 玻璃砖排列位置正确，均匀整齐，嵌缝应饱满密实，接缝均匀平直。

(8) 彩色玻璃、压花玻璃拼装的图案、颜色应符合设计要求，接缝吻合。

(9) 玻璃安装后表面应洁净，无油灰、浆水、密封膏、涂料等斑污，有正反面的玻璃安装的朝向应正确。

本 章 小 结

本章主要介绍了玻璃的基本知识，常用的建筑装饰玻璃的种类及用途和玻璃的施工工艺。常用的建筑装饰玻璃分为平板玻璃、安全玻璃、节能玻璃、结构玻璃、饰面玻璃。玻璃的施工中玻璃品种、规格、色彩、朝向及安装方法等必须符合设计要求及有关标准的规定。玻璃裁割尺寸正确，安装必须平整、牢固、无松动现象。

习　　题

1．试述平板玻璃的作用。

2．钢化玻璃的性能特点有哪些？

3．玻璃幕墙的形式与作用有哪些？

4．装饰玻璃的种类及用途有哪些？

第4章

建筑陶瓷

技能点

1. 掌握外墙面砖、陶瓷锦砖、内墙面砖的特点和用途
2. 了解内墙面砖的品种、形状和规格
3. 掌握内墙、地面砖的铺贴工艺

难点

建筑陶瓷的施工工艺

说明

熟悉建筑陶瓷的基本知识，掌握外墙面砖、陶瓷锦砖、内墙面砖的特点和用途及施工工艺，提出了施工中需要注意的各种问题，训练学生的实践能力、执行能力。

4.1　陶瓷的原料和基本工艺

4.1.1　陶瓷概述

陶瓷是指所有以黏土为主要原料与其他天然矿物原料经过粉碎、加工、成形、烧结等工艺制成的制品。陶瓷是一种重要的建筑装饰材料，如图 4.1 所示。而且它也是一种传统的艺术品，如图 4.2 所示。

根据烧结程度，陶瓷又可分为瓷质、炻质、陶质三大类。

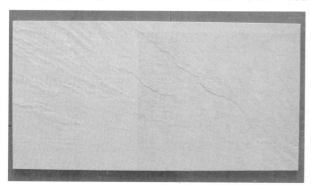

图 4.1　建筑材料陶瓷图

图 4.2　陶瓷艺术品

4.1.2　陶瓷原料

陶瓷原料主要来自岩石及其风化物黏土，这些原料大都是由硅和铝构成的，其中主要包括以下几部分。

(1) 石英。化学成分为二氧化硅。这种矿物可用来改善陶瓷原料过黏的特性，如图 4.3 所示。

(2) 长石。以二氧化硅及氧化铝为主，又含有钾、钠、钙等元素的化合物，如图 4.4 所示。

(3) 高岭土。高岭土是一种白色或灰白色有丝绢般光泽的软质矿物，以产于中国景德镇附近的高岭而得名，其化学成分为氧化硅和氧化铝。高岭土又称为瓷土，是陶瓷的主要原料，如图 4.5 所示。

图 4.3　石英

图 4.4　长石

图 4.5　高岭土

4.1.3　釉

　　釉也是陶瓷生产的一种原料，是陶瓷艺术的重要组成部分。釉是涂刷并覆盖在陶瓷坯体表面的、在较低的温度下即可熔融液化并形成一种具有色彩和光泽的玻璃体薄层的物质。它可使制品表面变得平滑、光亮、不吸水，对提高制品的装饰性、艺术性、强度，提高抗冻性，改善制品热稳定性、化学稳定性具有重要的意义。

　　釉料的主要成分也是硅酸盐，同时采用盐基物质作为媒溶剂，盐基物质包括氧化钠、氧化钾、氧化钙、氧化镁、氧化铅等。另外釉料中还采用金属及其氧化物作为着色剂，着色剂包括铁、铜、钴、锰、锑、铅以及其他金属。

4.1.4　陶瓷的表面装饰

陶瓷坯体表面粗糙，易玷污，装饰效果差。除紫砂地砖等产品外，大多数陶瓷制品都要表面装饰加工。最常见的陶瓷表面装饰工艺是施釉面层、彩绘、饰金等。

1. 施釉

施釉是将深度一定的釉浆，即悬浮在水中的釉料，利用压缩空气喷到生坯表面上。生坯很快地吸收湿釉中的水分并形成一定的较硬的表面。在烧成后的制品表面就形成 $300\sim400\,\mu m$ 厚的釉层。

釉面层可以改善陶瓷制品的表面性能并提高其力学强度。施釉面层的陶瓷制品表面平滑、光亮、不吸湿、不透气，易于清洗。

釉的种类繁多，组成也很复杂。釉的种类很多，按性质分，有瓷釉、陶釉及火石器釉；按烧成温度分，有低温釉、中温釉、高温釉；按釉面特征分，有白釉、颜色釉、结晶釉、窑变纹釉、裂纹釉。除上述外，现代的还有无光釉、乳浊釉、食盐釉等。近年来，随着科学技术的发展，出现了流动釉、变色釉、彩虹釉、夜光釉等新品种。施釉的方法有涂釉、浇釉、浸釉、喷釉、筛釉等。

2. 彩绘

在陶瓷制品表面用彩料绘制图案花纹是陶瓷的传统装饰方法。彩绘有釉下彩绘和釉上彩绘之分。

1) 釉下彩绘

釉下彩绘是陶瓷器的一种主要装饰手段，是用色料在已成型晾干的素坯(即半成品)上绘制各种纹饰，然后罩以白色透明釉或者其他浅色面釉，入窑高温($1200\sim1400℃$)一次烧成。烧成后的图案被一层透明的釉膜覆盖在下边，表面光亮柔和、平滑不凸出，显得晶莹透亮。现在国内商品釉下彩料的颜色种类有限，基本上用手工彩画，限制了它在陶瓷制品中的广泛应用，如图 4.6 所示(效果图见彩插第 2 页)。

2) 釉上彩绘

釉上彩绘是先烧成白釉瓷器，在白釉上进行彩绘后，再入窑经 $600\sim900℃$ 烘烤而成的。由于彩烧温度低，故使用颜料比釉下彩绘多，色调极其丰富。同时，釉上彩绘在高强度陶瓷体上进行，因此除手工绘画外，还可以用贴花、喷花、刷花等方法绘制，生产效率高，成本低廉，能工业化大批量生产。但釉上彩易磨损，表面有彩绘凸出感觉，光滑性差，且易发生彩料中的铅被酸所溶出而引起铅中毒，如图 4.7 所示。

图 4.6　釉下彩绘

图 4.7　釉上彩绘

3) 饰金

用金、银、铂或钯等贵金属装饰在陶瓷表面釉上,这种方法仅限于一些高档精细制品。饰金较为常见,其他贵金属装饰较少。金装饰陶瓷有亮金、磨光金和腐蚀金等。亮金装饰以金水为着色材料,施于釉面,彩烧后可直接形成发亮的金层。磨光金装饰是将纯金熔化在王水中,再将所制的氯化金溶液加以还原,并经一系列技术处理,制成磨光金彩料,比较耐用。腐蚀金装饰是先在釉面涂一层柏油或其他防氢氟酸腐蚀物质,然后在柏油上刻划图案,划掉部分柏油,露出瓷面,用氢氟酸涂刷,使之成下凹花纹,再洗去余下柏油,在制品表面涂上磨光金彩料,彩烧后加以抛光,釉面金层光亮,花纹无光。

4.2　外墙面砖

外墙面砖是以陶土为原料,经压制成型,而后在1100℃左右煅烧而成的,外墙面砖的表面有上釉的和不上釉的,有光泽的和无光泽的,有表面光平的和表面粗糙的,即具有不同的质感;颜色则有红、褐、黄等。背面为了与基层墙面能很好黏结,常有一定的吸水率,并有凹凸沟槽,如图4.8所示。

1. 外墙面砖特点及用途

外墙面砖具有坚固耐用,色彩鲜艳,易清洗,防火,防水,耐磨,耐腐蚀和维修费用低等特点。用它作外墙饰面,装饰效果好,不仅可以提高建筑物的使用质量,并能美化建筑,改善城市面貌,而且能保护墙体,延长建筑物的使用年限。一般用于装饰等级要求较高的工程。但是造价偏高、工效低、自重大。因此只能重点使用,如图4.9所示。

图 4.8　外墙面砖

图 4.9　外墙面砖效果

2. 外墙面砖的主要规格

外墙面砖的主要规格有 100mm×100mm，150mm×150mm，300mm×300mm，400mm×400mm，115mm×60mm，240mm×60mm，200mm×200mm，150mm×75mm，300mm×150mm，200mm×100mm，250mm×80mm 等。

3. 外墙面砖的不同排列铺贴

不同表面质感的外墙面砖，具有不同的装饰效果，但同一种外墙面砖采用不同的排列方式进行铺贴，也可获得完全不同的装饰效果。

4.3　内 墙 面 砖

4.3.1　内墙面砖概述

内墙面砖是用瓷土或优质陶土经低温烧制而成的，内墙面砖一般都上釉，其釉层有不同类别，如有光釉、石光釉、花釉、结晶釉等。釉面有各种颜色，以浅色为主，不同类型的釉层各具特色，装饰优雅别致，经过专门设计、彩绘、烧制而成的面砖，可镶拼成各式壁画，具有独特的艺术效果，如图4.10所示。

图 4.10   内墙面砖

4.3.2   内墙面砖的技术性能

1. 形状

内墙面砖按正面形状分为正方形、长方形和异形。常用的规格有：正面为正方形 100mm×100mm×5mm，150mm×150mm×5mm，200mm×200mm×5mm，400mm×400mm×5mm，500mm×500mm×5mm，600mm×600mm×5mm，250mm×250mm×8mm，316mm×316mm×8mm，418mm×418mm×5mm，528mm×528mm×10mm；正面长方形 250mm×316mm×9mm。

2. 外观质量

内墙面砖按外观质量分为优等品、一等品、合格品，各等级的外观质量应符合表 4-1 的要求。

表 4-1 内墙面砖的外观质量允许范围(GB/T 4100—1992)

项 目		优 等 品	一 等 品	合 格 品
	开裂、夹层、釉裂	不允许		
	背面磕碰	深度为砖厚的1/2	不影响使用	
表面缺陷	剥边、落脏、釉泡、斑点、坯粉、釉缕、桔釉、波纹、缺釉、棕眼、裂纹、图案缺陷、正面磕碰	距离砖面 1m 处目测无可见缺陷	距离砖面 2m 处目测缺陷不明显	距离砖面 3m 处目测缺陷不明显
色 差		基本一致	不明显	不一致
白度(白色釉面砖要求)		大于 73° 或供需双方自定		

3. 物理力学性质

根据 CB 4100—1983 的规定，建筑物内墙面砖应符合表 4-2 的技术性能要求。

表 4-2 内墙面砖的技术性能

项 目	说 明	单 位	指 标	备 注
密 度	—	g/cm³	2.2~2.4	—
吸水率	—	%	<22	—
抗折强度	—	MPa	2.0~4.0	—
冲击强度	用 30g 钢球从 30cm 高处落下 3 次		不碎	—
热稳定性	由 140℃至常温剧变次数	次	≥3	无裂纹
硬 度		度	85~87	指白色釉面砖
白 度	—	%	>78	指白色釉面砖
弯曲强度	平均值	MPa	≥16.67	—

4.4 地 面 砖

地面砖是装饰地面用的陶瓷材料。按其尺寸分为两类：尺寸较大的称为铺地砖；尺寸较小而且较薄的称为锦砖(马赛克)，如图 4.11 所示。

图 4.11　地面砖

1. 铺地砖的种类及规格

铺地砖规格花色多样，有红、白、浅黄、深黄等色，分正方形、矩形、六角形 3 种；光泽性差，有一定粗糙度，表面平整或压有凹凸花纹，并有带釉和无釉两类。常见尺寸为：150mm×150mm，100mm×200mm，200mm×300mm，300mm×300mm，300mm×400mm，400mm×400mm，500mm×500mm，600mm×600mm，800mm×800mm，1000mm×1000mm。厚度为 8～20mm。

2. 铺地砖的技术性能

1) 吸水率

红地砖吸水率不大于 8%，其他各色均不大于 4%。

2) 冲击强度

30g 钢球从 30cm 高处落下 6～8 次不破坏。

3) 热稳定性

自 150℃冷至 19±1℃循环 3 次无裂纹。

4) 其他性能

由于地砖采用难熔黏土烧制而成，故其质地坚硬，强度高(抗压强度为 40～400MPa)，耐磨性好，硬度高(莫氏硬度多在 7 以上)，耐磨蚀，抗冻性强(冻融循环在 25 次以上)。

4.5　陶 瓷 锦 砖

　　陶瓷锦砖俗称马赛克,是由各种颜色、多种几何形状的小块瓷片(长边一般不大于 50mm)铺贴在牛皮纸上形成色彩丰富、图案繁多的装饰砖,故又称纸皮砖(石),如图 4.12 所示(效果图见彩插第 2 页)。

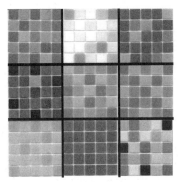

图 4.12　陶瓷锦砖

1. 陶瓷锦砖外观及尺寸偏差

　　陶瓷锦砖外观缺陷及尺寸偏差见表 4-3 和表 4-4。

表 4-3　最大边长大于 25mm 的锦砖外观缺陷的允许范围

缺陷名称	表示方法	缺陷允许范围				备　　注
		优 等 品		合 格 品		
		正面	背面	正面	背面	
夹层、釉裂、开裂		不允许				
斑点、黏疤、起泡、坯粉、麻面、波纹、缺釉、橘釉、棕眼、落脏、熔洞		不明显		不严重		
缺角/mm	斜边长	1.5～2.8	3.5～4.9	2.8～4.3	4.9～6.4	斜边长小于 1.5mm 的缺角允许存在 正背面缺角不允许在同一角部 正面只允许缺角 1 处
	深　度	不大于厚砖的 2/3				

续表

缺陷名称	表示方法	缺陷允许范围				备　注
		优　等　品		合　格　品		
		正面	背面	正面	背面	
缺边/mm	长　度	3.0～5.0	6.0～9.0	5.0～8.0	9.0～13.0	正背面缺边不允许出现在同一侧面 同一侧面边不允许有两处缺边 正面只允许两处缺边
	宽　度	1.5	3.0	2.0	3.5	
	深　度	1.5	2.5	2.0	3.5	
变形/mm	翘　曲	0.3		0.5		
	大小头	0.6		1.0		

表 4-4　最大边长不大于 25mm 的锦砖外观缺陷的允许范围

缺陷名称	表示方法	缺陷允许范围				备　注
		优　等　品		合　格　品		
		正面	背面	正面	背面	
夹层、釉裂、开裂		不允许				
斑点、黏疤、起泡、坯粉、麻面、波纹、缺釉、橘釉、棕眼、落脏、熔洞		不明显		不严重		
缺角/mm	斜边长	1.5～2.3	3.5～4.3	2.3～3.5	4.3～5.6	斜边长小于 1.5mm 的缺角允许存在 正背面缺角不允许在同一角部 正面只允许缺角 1 处
	深　度	不大于厚砖的 2/3				
缺边/mm	长　度	2.0～3.0	5.0～6.0	3.0～5.0	6.0～8.0	正背面缺边不允许出现在同一侧面 同一侧面边不允许有两处缺边 正面只允许两处缺边
	宽　度	1.5	2.5	2.0	3.0	
	深　度	1.5	2.5	2.0	3.0	
变形/mm	翘　曲	不明显				
	大小头	0.2		0.4		

2.　陶瓷锦砖主要技术性质

(1) 尺寸偏差和色差。尺寸偏差和色差均应符合 JC/T 456—1996《陶瓷锦砖》标准要求。

(2) 吸水率。无釉面砖吸水率不宜大于 0.2%，有釉面砖不宜大于 1.0%。

(3) 抗压强度。要求在 15～25MPa。

(4) 耐急冷急热。有釉面砖应无裂缝，无釉面砖不作要求。

(5) 耐酸碱性。要求耐酸度大于 95%，耐碱度大于 84%。

(6) 成联性。锦砖与牛皮纸黏结牢固，不得在运输或铺贴施工时脱落，但浸水后应脱纸方便。

3.　陶瓷锦砖特点及用途

陶瓷锦砖是以优质瓷土烧制而成的小块瓷砖，有挂釉和不挂釉两种。具有色泽明净、图案美观、质地坚硬、抗压强度高、耐污染、耐酸碱、耐磨、耐水、易清洗等优点。陶瓷锦砖在室内装饰中，可用于浴厕、厨房、阳台等处的地面，也可用于墙面。在工业及公共建筑装饰中，陶瓷锦砖也被用于室内墙、地面，亦可用于外墙，如图 4.13 所示。

图 4.13　凯悦酒店(卫生间)

4.　陶瓷锦砖性能规格

陶瓷锦砖产品，一般出厂前都已按各种图案粘贴在牛皮纸上，每张约 30cm，其面积约 0.093m²，重约 0.65kg，每 40 张为一箱，每箱约 3.7m²。

4.6 施 工 工 艺

4.6.1 外墙面砖的铺贴方法

贴砖要点:先贴标准点,然后垫底尺、镶贴、擦缝。

1. 基层处理

1) 混凝土基层

镶贴饰面的基体表面应具有足够的稳定性和刚度,同时,对光滑的基体表面应进行凿毛处理。凿毛深度应为 0.5～1.5cm,间距 3cm 左右。

2) 砖墙基体

墙面清扫干净,提前一天浇水湿润。

2. 抹底灰

当建筑物为高层时,应在四大角和门窗口边用经纬仪打垂直线找直;当建筑物为多层时,可从顶层开始用特制的大线坠绷铁丝吊垂直,然后根据面砖的规格尺寸分层设点、做灰饼。横线则以楼层为水平基准线交圈控制,竖线则以四周大角和通天柱或垛子为基准线控制,应全部是整砖。每层打底时则以此灰饼作为基准点进行冲筋,使其底层灰做到横平竖直。同时要注意找好突出檐口、腰线、窗台、雨篷等饰面的流水坡度和滴水线(槽)。

3. 弹线、排砖

外墙面砖镶贴前,应根据施工大样图统一弹线分格、排砖。方法可采取在外墙阳角用钢丝或尼龙线拉垂线,根据阳角拉线,在墙面上每隔 1.5～2m 做出标高块。按大样图先弹出分层的水平线,然后弹出分格的垂直线。若是离缝分格,则应按整块砖的尺寸分匀,确定分格缝(离缝)的尺寸,并按离缝实际宽度做分格条,分格条一般是刨光的木条,其宽度为 6～10mm,其高度在 15mm 左右。

4. 浸砖

饰面砖在铺贴前应在水中充分浸泡,陶瓷无釉砖和陶瓷磨光砖应浇水湿润,以保证铺贴后不致因吸走灰浆中水分而粘贴不牢。浸水后的瓷砖瓷片应阴干备用,阴干的时间视气温和环境温度而宜,一般为 3～5h,即以饰面砖表面有潮湿感但手按无水迹为准。

4.6.2　陶瓷锦砖的铺贴方法

施工工艺流程：基层处理→抹底灰→弹线→铺贴→揭纸→擦缝。

1) 基层处理

(1) 对光滑的水泥地面要凿毛或冲洗干净后刷界面处理剂。

(2) 对油污地面，要用 10%浓度的火碱水刷洗，再用清水冲洗干净。对凹坑处要彻底洗刷干净并用砂浆补平。

(3) 对混凝土毛面基层，铲除灰浆皮，扫除尘土，并用清水冲洗干净。

(4) 基层松散处，剔除松动部分，清理干净后作补强处理。

2) 扫水泥素浆结合层

在清理干净的地面上均匀洒水，然后用扫帚均匀地洒水灰比例为 0.5 的水泥素浆或水泥∶107 胶∶水=1∶0.1∶4 的聚合物水泥浆。注意这层施工必须与下道砂浆找平层紧密配合。

3) 贴标块做标筋

先做标志块(贴灰饼)，从墙面+500mm 水平线下返，在房间四周弹砖面上平线，贴标块。标志块上平线应低于地面标高一个陶瓷锦砖加黏结层的厚度。根据标块在房间四周做标筋，房间较大时，每隔 1～1.5m 做冲筋一道。有泛水要求的房间，标筋应朝地漏方向以 5%的坡度呈放射状汇集。

4) 抹找平层

冲筋后，用 1∶3 的干硬性水泥砂浆(手捏成团、落地开花的程度)铺平，厚度约 20～25mm。砂浆应拍实，用木杠刮平，铺陶瓷锦砖的基础层平整度要求较严，因为其黏结层较薄。有泛水的房门要通过标筋做出泛水。水泥砂浆凝固后，浇水养护。

5) 铺贴陶瓷锦砖

对铺设的房间，应找好方正，在找平层上弹出方正的纵横垂直线。按施工大样图计算出所需铺贴的陶瓷锦砖张数，若不足整张的应甩到边角处。可用裁纸刀垫在木板上切成所需大小的半张或小于半张的条条铺贴，以保证边角处与大面积面层质量一致。

在洒水润湿的找平层上，刮一道厚 2～3mm 的水泥浆(宜掺水泥重的 15%～20%的 107胶)，或在湿润的找平层上刮 1∶1.5 的水泥砂浆(砂应过窗筛)3～4mm 厚，在黏结层尚未初凝时，立即铺贴陶瓷锦砖，从里向外沿控制线进行(也可甩边铺贴，遇两间房相连亦可从门中铺起)，铺贴时对正控制线，将纸面朝上的陶瓷锦砖一联一联在准确位置上铺贴，随后用硬木拍板紧贴在纸面上用小锤敲木板，一一拍实，使水泥浆进入陶瓷锦砖缝隙内，直至纸面返出砖缝为止。还有一种铺贴法可称为双黏结层法，即在润湿的找平层上刮一层 2mm 水泥素浆或胶浆，同时在陶瓷锦砖背面也刮上一层 1mm 厚的水泥浆，必须将所有砖缝刮满，立即将陶瓷锦砖按规方弹线位置，准确贴上，调整平直后，用木拍板拍平、拍实，并随时检查平整度与横平竖直情况，如图 4.14 所示。

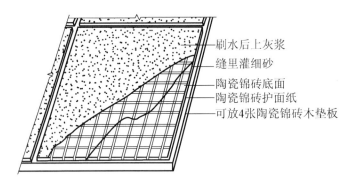

刷水后上灰浆
缝里灌细砂
陶瓷锦砖底面
陶瓷锦砖护面纸
可放4张陶瓷锦砖木垫板

图 4.14　陶瓷锦砖的铺贴

6) 边角接茬修理

整个房间铺好后，在锦砖面层上垫上大块平整的木板，以便分散对锦砖的压力，操作人员站在垫板上修理好四周的边角，将锦砖地面与其他地面接茬处修好，确保接缝平直美观。

7) 刷水揭纸

铺贴后 30 分钟左右，待水泥初凝，紧接着用长毛棕刷在纸面上均匀地刷水或用喷壶喷水润湿，常温下 15～30 分钟纸面便可湿透，即可揭纸。揭纸手法应两手执同一边的两角与地面保持平行运动，不可乱扯乱撕，以免带起锦砖或错缝。随后用刮刀轻轻刮去纸毛。

8) 拨缝

揭纸后，及时检查缝隙是否均匀，对不顺不直的缝隙，用小靠尺比着钢片开刀轻轻地拨顺、调直。要先拨竖缝后拨横缝，然后用硬拍板拍砖面，要边拨缝、边拍实、边拍平。遇到掉粒现象，立即补齐黏牢。在地漏、管道周围的陶瓷锦砖要预先试铺，用胡桃钳切割成合适形状后铺贴，做到管口衔接处镶嵌吻合、美观，此处衔接缝隙不得大于 5mm。拨缝顺直后，轻轻扫去表面余浆。

9) 擦缝和灌缝

拨缝后次日或水泥浆黏结层终凝后，用与陶瓷锦砖相同颜色的水泥素浆擦缝，用棉纱蘸素浆从里到外顺缝擦实擦严，或用 1∶2 的细砂水泥浆灌缝，随后，将砖上的余浆擦净，并撒上一遍干灰，将面层彻底洁净。陶瓷锦砖地面，宜整间一次连续铺贴完，并在水泥浆黏结层终凝前完成拨缝、整理。若遇大房间一次销不完时，须将接茬切齐，余灰清理干净。

冬季施工时，操作环境必须保持 5℃ 以上。

10) 养护

陶瓷锦砖地面擦净 24h 后，应铺锯末子进行常温养护 4～5d，达到一定强度才允许上人。

4.6.3　内墙和地面砖的铺贴方法

1. 施工准备

(1) 基层处理。

① 混凝土墙面处理：用火碱水或其他洗涤剂将施工面清洗干净，用 1∶1 水泥砂浆甩成小拉毛，两天后抹成 1∶3 水泥砂浆底层。

② 砖墙面处理：将施工面清理干净，然后用清水打湿墙面，抹 1∶3 水泥砂浆底层。

③ 旧建筑面处理：清理原施工面污垢，并将此面用手凿处理成毛墙面。

(2) 瓷砖铺贴前应充分浸水，以保证铺贴牢固，如图 4.15 所示。

图 4.15　浸砖

2. 铺贴程序及方法

基层抹灰→选砖→浸泡→排砖→弹线→粘贴标准点→粘贴瓷砖→勾缝→擦缝→清理。

(1) 基层抹灰。此工序应严格控制垂直度，表面越毛越好。

(2) 结合层抹灰。底层抹灰一天后，用 1∶1.5 水泥砂浆抹灰。

(3) 弹线分格。注意弹线时将异形块留在不显眼的阴角或最下一层，如图 4.16 所示。

(4) 釉面砖铺贴。

① 以所弹分格线为依据进行铺贴，将 1∶2 水泥砂浆用灰匙抹于釉面砖背面中部并迅速贴于结合层上，如图 4.17 所示。

图 4.16　弹线分格

图 4.17　将水泥砂浆抹于瓷砖背面

② 在釉面砖铺贴过程中，在砖面之外，用碎铀面砖作两个基准点，以便铺贴过程中随时检查平整度，如图 4.18 所示。

图 4.18　地面砖铺贴中

(5) 勾缝。釉面砖铺贴好后，应立即用湿布擦去砖面上的水泥等，并用水泥浆勾缝。

(6) 清理。

3. 注意事项

(1) 注意外包装上标明的尺寸和色号，使用完同一尺寸和色号，才可使用邻近的尺寸及色号，如图 4.19 所示。

(2) 铺贴前应先将防污剂擦拭干净，露出图案，许多有方向性的图案，应将产品按图示的方法铺贴，以求最佳装饰效果。

(3) 产品铺贴前应按上述方法在空地上将要铺贴的产品每 $10m^2$ 一组全部铺开观察，若有明显色差，应立即停止使用并与经销单位联系。

图 4.19　墙面砖铺贴中

(4) 铺贴前应用水泥砂浆找地面或墙面，并按砖体尺寸划好线，划线时需预留 3～5mm 的灰缝，以防黏结物与砖体膨胀系数不一致而导致不良后果产生。

(5) 铺贴地面时，最好先用水平尺校水平，如图 4.20 所示。

图 4.20　校水平

(6) 取适量的黏浆于主墙角，准平至约 1cm 左右厚即取第一片砖平铺于黏浆上，持木锤轻轻敲至黏牢并保证砖面及边缘与所拉线处于水平与垂直位置，其余砖依次铺贴直至完成；再用木楔或细砂置于砖面弄干净余浆及表面。

(7) 铺贴12h 后应敲击砖面检查，若发现有空敲声应重新铺贴，所有砖铺贴完成 24h 后方可行走，擦洗。

本 章 小 结

本章主要介绍了建筑陶瓷的基本知识，外墙面砖、陶瓷锦砖、内墙面砖的特点和用途，外墙面砖和陶瓷锦砖的铺贴方法。

陶瓷是一种重要的建筑装饰材料。外墙面砖具有强度高、防潮、抗冻、不易污染和装饰效果好，并且经久耐用等特点。外墙面砖是高档饰面材料，一般用于装饰等级要求较高的工程；经过专门设计、彩绘、烧制而成的内墙面砖，可镶拼成各式图案，具有独特的艺术效果；陶瓷锦砖俗称马赛克，是由各种颜色、多种几何形状的小块瓷片铺贴在牛皮纸上形成色彩丰富、图案繁多的装饰砖，具有色泽明净、图案美观、质地坚硬、抗压强度高、耐污染、耐酸碱、耐磨、耐水、易清洗等优点。

习 题

1. 墙地砖的主要物理力学性能指标有哪些？

2. 为什么陶瓷锦砖既可用于地面，又可用于室内外墙面，而内、外墙面砖不能用于地面？

3. 釉面砖在粘贴前为什么要浸水？

第5章

装饰石材

技能点

1. 了解天然大理石、天然花岗石、人造石材、文化石、砂岩的特点及用途
2. 掌握天然大理石与天然花岗岩的特性
3. 掌握石材的干挂和湿挂工艺

难点

掌握装饰石材的施工方法

说明

熟悉石材的基本知识，掌握大理石、天然花岗石、人造石材、文化石、砂岩的特点及用途，掌握石材的施工工艺，提出了施工中需要注意的各种问题，训练学生的实践能力和设计能力。

5.1　石材基础知识

5.1.1　石材的来源与特点

石材来自岩石，岩石按形成条件可分为火成岩、沉积岩和变质岩三大类。

1. 火成岩(岩浆岩)

火成岩是由岩浆凝结形成的岩石，约占地壳总体积的 65%。由于岩浆冷却条件不同，所形成的岩石具有不同的结构性质，根据岩浆冷却条件，火成岩分为 3 类：深成岩、喷出岩和火山岩，如图 5.1 所示。

图 5.1　火成岩(地面应用)

1) 深成岩

深成岩是侵入地壳一定深度上的岩浆经缓慢冷却而形成的岩石。深成岩多为巨大侵入体，如岩基、岩株等，通常岩性较均一，岩石致密，呈块状构造，但侵入体边缘往往常见流线、流面和各种原生节理，结构相对复杂。深成岩通常颗粒均匀，多为中粗粒结构，致密坚硬，孔隙较少，力学强度高，透水性较弱，抗水性较强，所以深成岩体的工程地质性质一般较好，常被选作大型建筑物地基。深成岩的抗压强度高，吸水率小，表观密度及导热性大；由于孔隙率小，因此可以磨光，但坚硬难以加工。

建筑上常用的深成岩有花岗岩、正长岩和橄榄岩等。

2) 喷出岩

喷出岩是岩浆喷出或者溢流到地表，冷凝形成的岩石。喷出岩是在温度、压力骤然降低的条件下形成的，造成溶解在岩浆中的挥发成分以气体形式大量逸出，形成气孔状构造。

在这种条件的影响下，岩浆来不及完全形成结晶体，而且也不可能完全形成粗大的结晶体。

喷出岩多具气孔、杏仁和流纹等构造，多呈玻璃质、隐晶质或斑状结构。玻璃质的黑曜岩、珍珠岩、松脂岩、浮岩等喷出岩称为火山玻璃岩，如图 5.2 所示。

工程中常用的喷出岩有辉绿岩、玄武岩及安山岩等。

图 5.2　喷出岩

3) 火山岩

火山爆发时岩浆喷入空气中，由于冷却极快，压力急剧降低，落下时形成的具有松散多孔，表观密度小的玻璃质物质称为散粒火山岩；当散粒火山岩堆积在一起，受到覆盖层压力作用及岩石中的天然胶粘物质的胶粘，即形成胶粘的火山岩，如浮石，如图 5.3 和图 5.4 所示。

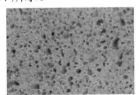  

图 5.3　火山岩

图 5.4　火山岩的应用

2. 沉积岩(旧称水成岩)

沉积岩是在地壳表层的条件下,由母岩的风化产物、火山物质、有机物质等沉积岩的原始物质成分,经搬运、沉积及其沉积后作用而形成的一类岩石。其主要特征是层理构造显著;沉积岩中常含古代生物遗迹,经石化作用形成化石;有的具有干裂、孔隙、结核等。沉积岩中的所含矿产极为丰富,有煤、石油、锰、铁、铝、磷、石灰石和盐岩等。

沉积岩仅占地壳质量的 5%,但其分布极广,约占地壳表面积的 75%,因此,它是一种重要的岩石。建筑中常用的沉积岩有石灰岩、砂岩和碎屑石等。

3. 变质岩

变质岩是地壳中原有的岩石(包括火成岩、沉积岩和早先生成的变质岩)由于岩浆活动和构造运动的影响,原岩变质(再结晶,使矿物成分、结构等发生改变)而形成的新岩石。一般由火成岩变质成的称为正变质岩,由沉积岩变质成的称副变质岩。按地壳质量计,变质岩占65%。

5.1.2 装饰石材的一般加工

由采石场采出的天然石材荒料,或大型工厂生产出的大块人造石基料,需要按用户要求加工成各类板材或特殊形状的产品。石材的加工一般有锯切和表面加工。

1. 锯切

锯切是将天然石材荒料或大块人造石基料用锯石机锯成板材的作业。

锯切设备主要有框架锯(排锯)、盘式锯、钢丝绳锯等。锯切花岗石等坚硬石材或较大规格石料时,常用框架锯,锯切中等硬度以下的小规格石料时,则可以采用盘式锯,如图 5.5 所示。

图 5.5 锯切

2. 表面加工

锯切的板材表面质量不高，需进行表面加工。表面加工要求有各种形式：粗磨、细磨、抛光、火焰烘毛和凿毛等。

(1) 研磨工序一般分为粗磨、细磨、半细磨、精磨、抛光 5 道工序。研磨设备有摇臂式手扶研磨机和桥式自动研磨机。前者通常用于小件加工，后者用于加工 1m² 以上的板材。磨料多用碳化硅加结合剂(树脂和高铝水泥等)，或者用 60～1000 网的金刚砂，如图 5.6 所示。

图 5.6　研磨

(2) 抛光是石材研磨加工的最后一道工序。进行这道工序，将使石材表面具有最大的反射光线的能力以及良好的光滑度，并使石材固有的花纹色泽最大限度地显示出来，如图 5.7 所示。

石材加工采用的抛光方法有两种。一种方法是用散状磨料与液体或软膏混合成抛光悬浮液或抛光膏作为抛光剂，用适当的装置加到磨具或工件上进行抛光。所用磨料有金刚石微粉、碳化硅微粉和白刚玉微粉等。不同的磨料要配合采用不同材质的磨具。使用碳化硅磨料时要用灰铸铁磨具，而使用金刚石磨料时则最好用镀锡磨具。另一种方法是用黏结磨料，即把金刚石、碳化硅或白刚玉微粉作磨料

图 5.7　抛光

与结合剂，用烧结、电镀或者黏结的方法制成磨块，固定到磨盘上制成抛光磨头。小磨块一般用沥青或硫磺等材料连接，大磨块则用燕尾槽连接到磨盘上。

(3) 烧毛加工是一种热加工方法，利用火焰加热石材表面，使其温度达到 600℃以上。当石材表面产生热冲击及快速的水冷却后，石材表面的石英产生炸裂，形成平整的均匀凹凸表面，很像天然的表面，没有任何加工痕迹，组成石材的各种晶粒呈现出自然本色。烧毛加工主要适用于石英含量较高的花岗岩和沉积岩。这种加工方法比较经济，加工效率也高。

(4) 琢面加工是用琢石机加工由排锯锯切的石材表面的方法。经过表面加工的大理石、花岗石板材一般采用细粒金刚石小圆盘锯切割成一定规格的成品。

5.2 大 理 石

大理石由石灰岩、白云质灰岩、白云岩等碳酸盐岩石经区域变质作用和接触变质作用形成，方解石和白云石的含量一般大于 50%，有的可达 99%。抗压强度高，约为 100～300MPa，质地紧密而硬度不大，比花岗岩易于雕琢磨光。大理石的构造多为块状构造，也有不少大理石具有大小不等的条带、条纹、斑块或斑点等构造，它们经加工后便成为具有不同颜色和花纹图案的装饰建筑材料，如图 5.8 所示(效果图见彩插第 2 页)。

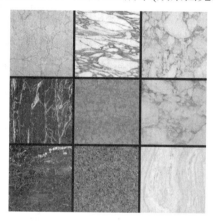

图 5.8　大理石

5.2.1　天然大理石的主要化学成分

大理石的主要化学成分见表 5-1。

表 5-1　天然大理石化学成分

化学成分	CaO	MgO	SiO_2	Al_2O_3	Fe_2O_3	SO_3	其他(Mn、K、Na)
含量/%	28～54	13～22	3～23	0.5～2.5	0～3	0～3	微量

5.2.2　天然大理石的特点

天然大理石的特点是组织细密、坚实、耐风化、色彩鲜明，但硬度不大、抗风化能力差、价格昂贵、容易失去表面光泽。除少数的，如汉白玉、艾叶青等质纯、杂质少的比较稳定耐久的品种可用于室外装饰外，其他品种不宜用于室外，一般只用于室内装饰面，如图 5.9 所示。

图 5.9 凯悦酒店

5.2.3 天然大理石的性能

国内部分天然大理石品种及性能见表 5-2，部分天然大理石饰面板名称、规格、花色见表 5-3。

表 5-2 大理石品种及性能

品 种	性 能	产 地
玉锦、齐灰、斑绿、斑黑、水晶白、竹叶青	抗压强度：70MPa 抗折强度：18MPa	青岛
香蕉黄、孔雀绿、芝麻黑	抗压强度：127～162MPa 抗折强度：12～20MPa	陕西
丹东绿、铁岭红、桃红	抗压强度：80～100MPa 密度：2.71～2.78g/cm²	沈阳
雪花白、彩绿、翠绿、锦黑、咖啡、汉白玉	抗压强度：90～142MPa 抗折强度：8.5～15MPa 吸水率：0.09%～0.16%	江西
紫底满天星、晓霞、白浪花	抗压强度：58～69MPa 密度：2.7g/cm²	重庆
木纹黄、深灰、浅灰、杂紫、紫红英	抗压强度：86～239MPa 光泽度：大于 90	桂林

续表

品　　种	性　　能	产　　地
海浪、秋景、雾花	抗压强度：140MPa　抗折强度：24MPa 吸水率：0.16%　抗剪强度：20MPa	山西
咖啡、奶油、雪花	抗压强度：58～110MPa　抗弯强度：13～16MPa 密度：2.75～1.82g/cm²	江苏
雪浪、球景、晶白、虎皮	抗压强度：91～102MPa　抗折强度：14～19MPa 吸水率：1.07%～1.31%	湖北
汉白玉	抗压强度：153MPa　抗折强度：19MPa	北京
雪花白	抗压强度：80MPa　抗折强度：16.9MPa	山东
苍山白玉	抗压强度：133MPa　抗折强度：11.9MPa	云南
杭灰、红奶油、余杭白、莱阳绿	抗压强度：128MPa　抗折强度：12MPa　吸水率：0.16%	杭州

表 5-3　天然大理石饰面板名称、规格、花色

名　　称	规格/mm	花　　色
孔雀绿	400×400×20	绿色
丹东绿	400×400×20	浅绿色
雪花白	各种规格均有	白色
汉白玉	100×100×20 以上	白色
棕红	600×300×20	棕红
济南青	各种规格均有	正黑
白浪花	305×152×20	海水波浪花色彩
云灰	各种规格均有	灰色
大青花	不定型	浅蓝色、黑色相间
乳白红纹	600×600×20	白底红线
翠雪	500×300×20	白色

5.2.4　天然大理石的分类

除以上常用大理石花色品种外，现在市面上主要常用的国产及进口大理石包括以下几个系列。

(1) 白色大理石系列，如图 5.10 所示。

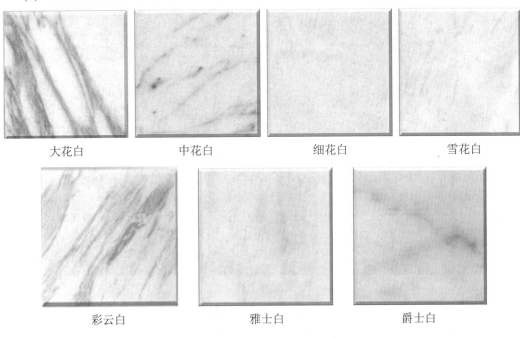

大花白   中花白   细花白   雪花白

彩云白   雅士白   爵士白

图 5.10 白色大理石系列

(2) 黑色大理石系列，如图 5.11 所示(效果图见彩插第 3 页)。

黑白根   黑金花   希腊黑

图 5.11 黑色大理石系列

(3) 红色大理石系列，如图 5.12 所示(效果图见彩插第 3 页)。

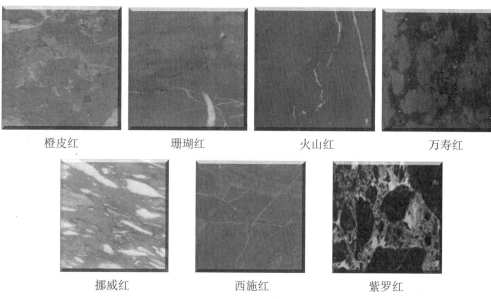

橙皮红　　　　　珊瑚红　　　　　火山红　　　　　万寿红

挪威红　　　　　西施红　　　　　紫罗红

图 5.12　红色大理石系列

(4) 咖啡色大理石系列，如图 5.13 所示(效果图见彩插第 3 页)。

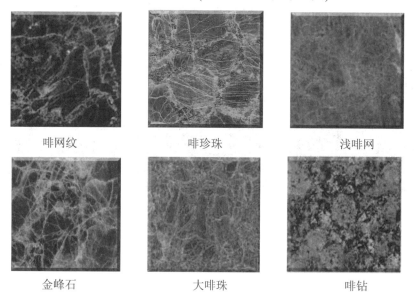

啡网纹　　　　　啡珍珠　　　　　浅啡网

金峰石　　　　　大啡珠　　　　　啡钻

图 5.13　咖啡色大理石系列

(5) 米黄色大理石系列，如图 5.14 所示(效果图见彩插第 3 页)。

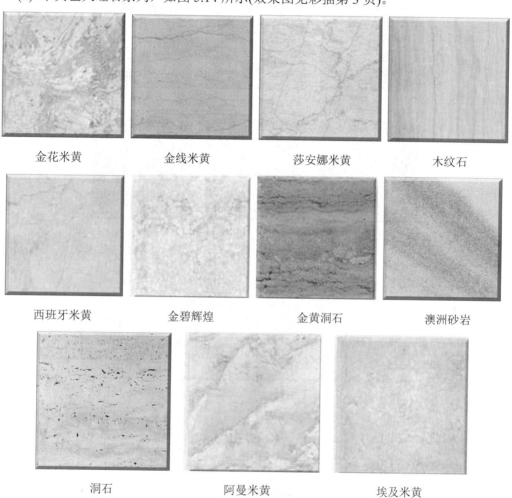

| 金花米黄 | 金线米黄 | 莎安娜米黄 | 木纹石 |

西班牙米黄　　　　金碧辉煌　　　　金黄洞石　　　　澳洲砂岩

洞石　　　　阿曼米黄　　　　埃及米黄

图 5.14　米黄色大理石系列

(6) 绿色大理石系列，如图 5.15 所示(效果图见彩插第 3 页)。

| 大花绿 1 | 大花绿 2 | 苹果绿 |
| 孔雀绿 | 青石板 | 绿蝴蝶 |

图 5.15　绿色大理石系列

(7) 透光薄板大理石系列，如图 5.16 所示(效果图见彩插第 3 页)。

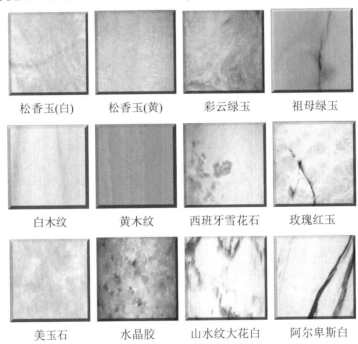

松香玉(白)	松香玉(黄)	彩云绿玉	祖母绿玉
白木纹	黄木纹	西班牙雪花石	玫瑰红玉
美玉石	水晶胶	山水纹大花白	阿尔卑斯白

图 5.16　透光薄板大理石系列

5.2.5　天然大理石的板材标准

1. 天然大理石的规格

天然大理石板材规格分为定型和非定型两类，定型板材其规格见表 5-4。

表 5-4　天然大理石板材规格　　　　　　　　　　　　mm

长	宽	厚	长	宽	厚
300	150	20	1200	900	20
300	300	20	305	152	20
400	200	20	305	305	20
400	400	20	610	610	20
600	600	20	610	305	20
900	600	20	915	762	20
1070	750	20	1067	915	20
1200	600	20			

2. 技术要求

(1) 规格公差。

① 平板允许公差见表 5-5。

② 单面磨光，同一块板材厚度公差不得超过 2mm；双面磨光板材不得超过 1mm。

③ 双面磨光板材拼接处的宽、厚相差不得大于 1mm。

④ 平板与雕刻板的规格公差，要根据设计要求来定。

表 5-5　平板允许公差　　　　　　　　　　　　mm

产品名称	一　级　品			二　级　品		
	长	宽	厚	长	宽	厚
单面磨光板材	0 −1	0 −1	+1 −2	0 −1.5	0 1.5	+2 −3
双面磨光板材	±1	±1	±1	+1 −2	+1 −2	+1 −2

(2) 平度允许偏差见表 5-6。

表 5-6　平度允许偏差　　　　　　　　　　　　　单位：mm

平板长度范围	平度允许最大偏差值		角度允许最大偏差值	
	一　级　品	二　级　品	一　级　品	二　级　品
<400	0.3	0.5	0.4	0.6
≥400	0.6	1.8		
≥800	0.8	1.0	0.6	0.8
≥1000	1.0	1.2		

5.3　天然花岗岩

天然花岗岩是火山岩中分布最广的一种岩石。花岗岩的构造致密，呈整体的均粒状结构。它的主要矿物成分是：石英、长石和少量云母，如图 5.17 所示。

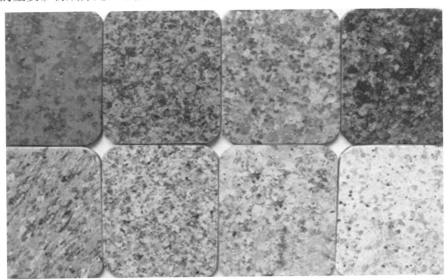

图 5.17　天然花岗岩

5.3.1　品种与性能

国内部分花岗岩品种的性能见表 5-7。

表 5-7　国内部分花岗岩品种的性能

品　　种	代　号	颜　色	性　　能					产　地
			密　度 /t·cm⁻³	抗压强度/MPa	抗弯强度/MPa	肖氏硬度	磨损量/cm	
白虎涧	151	粉红色	2.58	137.3	9.2	86.5	2.62	昌平
花岗石	304	浅灰条纹	2.67	202.1	15.7	90.0	8.02	日照
花岗石	306	红灰色	2.61	212.4	18.4	99.7	2.36	崂山
花岗石	359	灰白色	2.67	140.2	14.4	94.0	7.41	牟平
花岗石	431	粉红色	2.58	119.2	8.9	89.5	6.38	汕头
笔山石	601	浅灰色	2.73	180.4	21.6	97.3	12.18	惠安
日中石	602	灰白色	2.62	171.3	17.1	97.8	4.80	惠安
锋白石	603	灰色	2.62	195.6	23.3	103.0	7.89	厦门
白石	605	灰白色	2.61		17.1	91.2	0.31	南安
碧石	606	浅红色	2.61		21.5	94.1	2.93	惠安
石山红	607	暗红色	2.68		19.2	101.5	6.57	同安

5.3.2　花岗岩主要化学成分

花岗岩的主要化学成分见表 5-8。

表 5-8　花岗岩的主要化学成分

化学成分	SiO_2	Al_2O_3	CaO	MgO	Fe_2O_3
含量/%	67～75	12～17	1～2	1～2	0.5～1.5

5.3.3　天然花岗岩的特点

天然花岗岩具有结构细密，性质坚硬，耐酸、耐腐、耐磨，吸水性小，抗压强度高，耐冻性强(可经受 100～200 次以上的冻融循环)，耐久性好(一般的耐用年限为 75～200 年)等特点。

其缺点是自重大，用于房屋建筑会增加建筑物的重量；硬度大，给开采和加工造成困难；质脆，耐火性差，当温度超过 800℃时，由于花岗岩中所含石英的晶态转变，造成体积膨胀，导致石材爆裂，失去强度；某些花岗石含有微量放射性元素，对人体有害，如图 5.18 所示。

天然花岗岩板材规格分为定型和非定型两类，定型板材为正方形和长方形，其定型产品规格见表 5-9。

图 5.18　凯悦酒店(墙面)

表 5-9　天然花岗石板材的定型产品规格　　　　　单位：mm

长	宽	厚	长	宽	厚	长	宽	厚
300	300	20	600	600	20	915	610	20
305	305	20	610	305	20	1070	750	20
400	400	20	610	610	20	1070	762	20
600	300	20	900	600	20			

5.3.4　花岗岩板材的分类及等级

1. 分类

(1) 按形状分类。天然花岗石板材按形状可分为普型板材(N)和异型板材(S)两类。普型板材(N)有正方形和长方形两种；异型板材(S)为其他形状板材。

(2) 按表面加工程度分类。天然花岗石板材按表面加工程度分类可分为细面板材、镜面板材、粗面板材 3 类。细面板材为表面平整、光滑的板材；镜面板材为表面平整、具有镜面光泽的板材；粗面板材为表面不平整、粗糙，具有较规则加工条纹的机刨板、剁斧板、锤击板、烧至板等，如图 5.19 和图 5.20 所示。

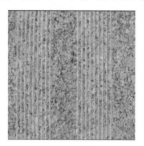
图 5.19　机刨板

图 5.20　剁斧板

2. 等级

天然花岗石板材按规格尺寸允许偏差、平面度允许极限公差、角度允许极限公差及外观质量，可分为优等品(A)、一等品(B)、合格品(C) 3 个等级，它的技术要求如下。

(1) 规格公差。

① 规格允许公差见表 5-10。

表 5-10　规格允许公差　　　　　　　单位：mm

产品名称	粗磨和磨光板材		机刨和剁斧板材	
	一　级　品	二　级　品	一　级　品	二　级　品
长度公差范围	+0 −1	+0 +2	+0 +2	+0 −3
宽度公差范围	+0 −1	+0 +2	+0 +2	+0 −3
厚度公差范围	±2	+2 −3	+1 −3	+1 −3

② 面磨板材，在两块或两块以上拼接时，其接缝处的偏差不得大于 1.0mm。

③ 机刨和剁斧板材的厚度无具体要求者，其底部带荒不得大于预留灰缝的一半。

④ 异型板材的线角应符合样板，允许公差为 2mm。

(2) 平度偏差。平度允许偏差见表 5-11。

(3) 角度偏差。矩形或正方形板材的角度允许偏差见表 5-11。

表 5-11　平度允许偏差　　　　　　　　　单位：mm

平板长度范围	平度允许最大偏差值	
	一　级　品	二　级　品
<400	0.3	0.5
≥400	0.6	0.8
≥800	0.8	1.0
≥1000	1.0	1.2
	角度允许最大偏差值	
<400	0.4	0.6
≥400	0.6	0.8

5.3.5　常见的花岗岩磨光板

装饰花岗石磨光板材光亮如镜，有华丽高贵的装饰效果。常见的花岗石磨光板品种如下。

(1) 白麻花岗岩系列，如图 5.21 所示(效果图见彩插第 4 页)。

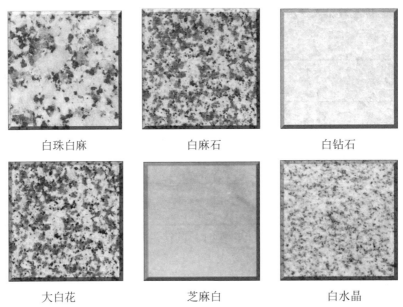

白珠白麻　　　　　　　白麻石　　　　　　　白钻石

大白花　　　　　　　芝麻白　　　　　　　白水晶

图 5.21　白麻花岗岩系列

(2) 透光薄板大理石系列，如图 5.22 所示(效果图见彩插第 4 页)。

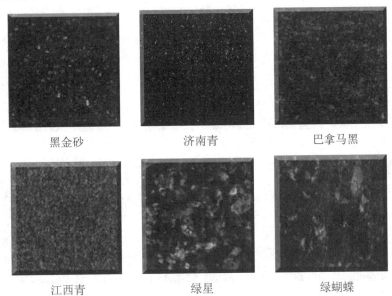

黑金砂　　　　　　　济南青　　　　　　　巴拿马黑

江西青　　　　　　　绿星　　　　　　　　绿蝴蝶

图 5.22　透光薄板大理石系列

(3) 黄麻花岗岩系列，如图 5.23 所示(效果图见彩插第 4 页)。

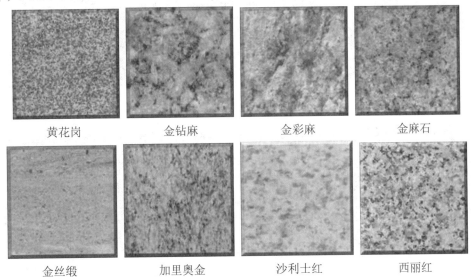

黄花岗　　　　　金钻麻　　　　　金彩麻　　　　　金麻石

金丝缎　　　　　加里奥金　　　　沙利士红　　　　西丽红

图 5.23　黄麻花岗岩系列

(4) 红麻花岗岩系列，如图 5.24 所示(效果图见彩插第 4 页)。

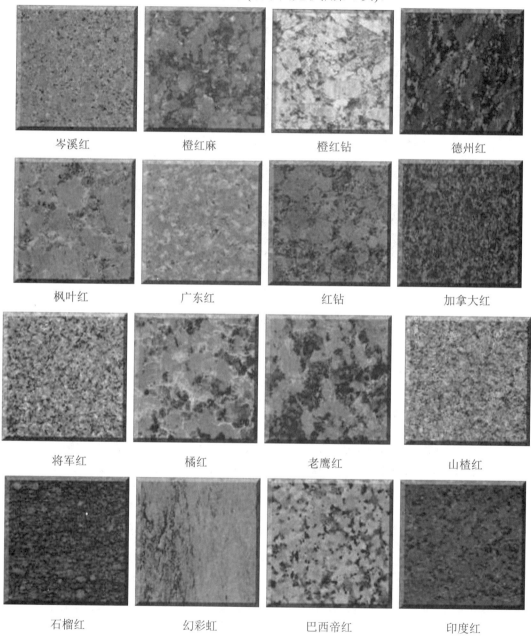

岑溪红	橙红麻	橙红钻	德州红
枫叶红	广东红	红钻	加拿大红
将军红	橘红	老鹰红	山楂红
石榴红	幻彩虹	巴西帝红	印度红

图 5.24 红麻花岗岩系列

(5) 灰麻花岗岩系列，如图 5.25 所示(效果图见彩插第 5 页)。

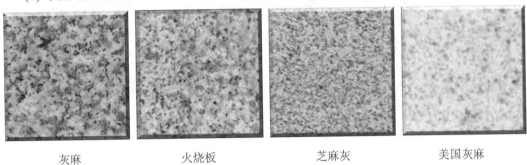

灰麻　　　　　火烧板　　　　　芝麻灰　　　　　美国灰麻

图 5.25　灰麻花岗岩系列

(6) 绿麻花岗岩系列，如图 5.26 所示(效果图见彩插第 5 页)。

草原绿　　　　　幻彩绿　　　　　绿星　　　　　万年青

蝴蝶青　　　　　　　绿珍珠　　　　　　　玉玛瑙

图 5.26　绿麻花岗岩系列

(7) 蓝麻花岗岩系列，如图 5.27 所示(效果图见彩插第 5 页)。

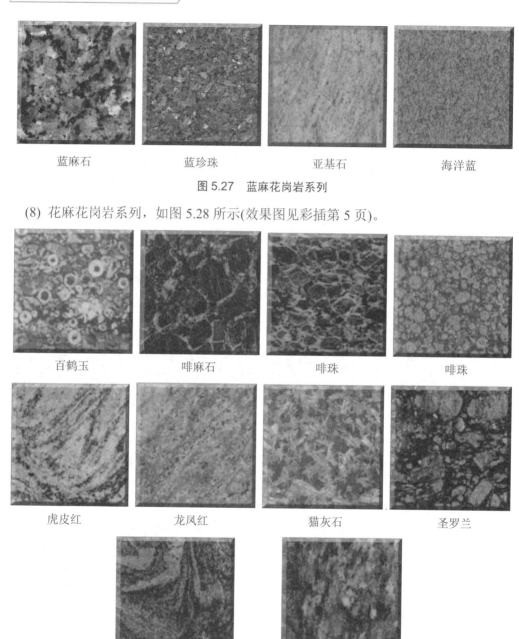

蓝麻石　　　　　蓝珍珠　　　　　亚基石　　　　　海洋蓝

图 5.27　蓝麻花岗岩系列

(8) 花麻花岗岩系列，如图 5.28 所示(效果图见彩插第 5 页)。

百鹤玉　　　　　啡麻石　　　　　啡珠　　　　　　啡珠

虎皮红　　　　　龙凤红　　　　　猫灰石　　　　　圣罗兰

紫彩　　　　　　　　紫丁香

图 5.28　花麻花岗岩系列

5.4　人造石材

　　人造石材一般指人造大理石和人造花岗岩，以人造大理石的应用较为广泛。其价格大大低于天然石材，尤其是含 90% 的天然原石的合成岩石，克服了天然石材易断裂、纹理不易控制的缺点，保留了天然石材的原味。它具有重量轻、强度高、装饰性强、耐腐蚀、耐污染、生产工艺简单以及施工方便等优点，因而得到了广泛应用，如图 5.29 所示。

图 5.29　凯悦酒店一

　　人造大理石在国外已有 40 年历史，如意大利在 1948 年即已生产水泥基人造大理石花砖，德国、日本、前苏联等国在人造大理石的研究、生产和应用方面也取得了较大成绩。由于人造大理石生产工艺与设备简单，很多发展中国家也已生产人造大理石。

　　我国 20 世纪 70 年代末期才开始由国外引进人造大理石技术与设备，但发展极其迅速，质量、产量与花色品种上升很快，如图 5.30 和图 5.31 所示。

图 5.30　凯悦酒店二

图 5.31　凯悦酒店三

5.4.1　人造大理石的特点

人造大理石之所以能得到较快发展，是因为具有类似大理石的机理特点，并且花纹图案可由设计者自行控制确定，重现性好；而且人造大理石重量轻，强度高，厚度薄，耐腐蚀性好，抗污染，并有较好的可加工性，能制成弧形、曲面等形状，施工方便。

5.4.2　人造石材的种类

人造石材是一种人工合成的装饰材料。按照所用粘结剂不同，可分为有机类人造石材和无机类人造石材两类。人造石材按其生产工艺过程和使用的原材料的不同分为 4 类：水泥型(硅酸盐型)人造石材、树脂型(聚酯型)人造石材、复合型人造石材及烧结型人造石材。4 种人造石质装饰材料中，以有机类(聚酯型)最常用，其物理、化学性能亦最好。

1. 水泥型(硅酸盐型)人造石材

水泥型人造石材是以各种水泥为胶结材料，砂、天然碎石粒为粗细骨料，经配制、搅拌、加压蒸养、磨光和抛光后制成的人造石材。配制过程中，混入色料，可制成彩色水泥石。通常所用的水泥为硅酸盐水泥，现在也用铝酸盐水泥作黏结剂，用它制成的人造大理石表面光泽度高、花纹耐久、抗风化、耐火性、防潮性都优于一般的人造大理石。现在市面上主要常用的水泥型人造石材花色如图 5.32 所示(效果图见彩插第 5 页)。

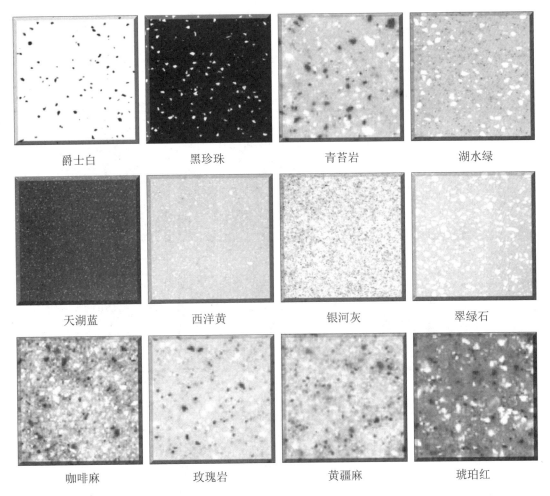

图 5.32　水泥型人造石材花色

2.　树脂型(聚酯型)人造石材

　　树脂型人造石材是以不饱和聚酯树脂为胶结剂，与天然大理碎石、石英砂、方解石、石粉或其他无机填料按一定的比例配合，再加入催化剂、固化剂、颜料等外加剂，经混合搅拌、固化成型、脱模烘干、表面抛光等工序加工而成的。不饱和聚酯的产品光泽好、颜色鲜艳丰富、可加工性强、装饰效果好；这种树脂黏度低，易于成型，常温下可固化。成型方法有振动成型、压缩成型和挤压成型。室内装饰工程中采用的人造石材主要是树脂型的。现在市面上主要常用的树脂型人造石材花色如图 5.33 所示(效果图见彩插第 5 页)。

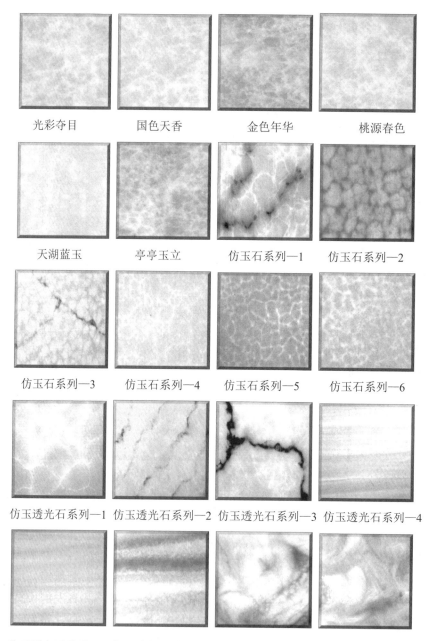

光彩夺目　　　国色天香　　　金色年华　　　桃源春色

天湖蓝玉　　　亭亭玉立　　仿玉石系列—1　　仿玉石系列—2

仿玉石系列—3　仿玉石系列—4　仿玉石系列—5　仿玉石系列—6

仿玉透光石系列—1　仿玉透光石系列—2　仿玉透光石系列—3　仿玉透光石系列—4

仿玉透光石系列—5　仿玉透光石系列—6　仿玉透光石系列—7　仿玉透光石系列—8

图 5.33　树脂型人造石材花色

3. 复合型人造石材

复合型人造石材采用的黏结剂中，既有无机材料，又有有机高分子材料。其制作工艺如下。先用水泥、石粉等制成水泥砂浆的坯体，再将坯体浸于有机单体中，使其在一定条件下聚合而成。对板材而言，底层用性能稳定而价廉的无机材料，面层用聚酯和大理石粉制作。无机胶结材料可用快硬水泥、自水泥、普通硅酸盐水泥、铝酸盐水泥、粉煤灰水泥、矿渣水泥以及熟石膏等。有机单体可用苯乙烯、甲基丙烯酸甲酯、醋酸乙烯、丁二烯等，这些单体可单独使用，也可组合使用。复合型人造石材制品的造价较低，但它受温差影响后聚酯面易产生剥落或开裂。现在市面上主要常用的复合型人造石材花色如图 5.34 所示(效果图见彩插第 6 页)。

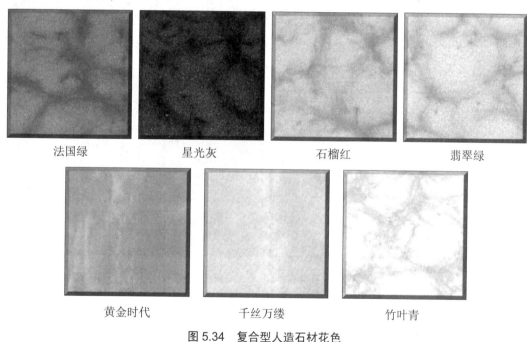

法国绿　　　　　星光灰　　　　　石榴红　　　　　翡翠绿

黄金时代　　　　千丝万缕　　　　竹叶青

图 5.34　复合型人造石材花色

4. 烧结型人造石材

烧结型人造石材的生产方法与陶瓷工艺相似，是将长石、石英、辉绿石、方解石等粉料和赤铁矿粉，以及一定量的高岭土共同混合，一般配比为石粉 60%，黏土 40%，采用混浆法制备坯料，用半干压法成型，再在窑炉中以 1000℃左右的高温焙烧而成的。烧结型人造石材的装饰性好，性能稳定，但需经高温焙烧，因而能耗大，造价高，如图 5.35 所示(效果图见彩插第 6 页)。

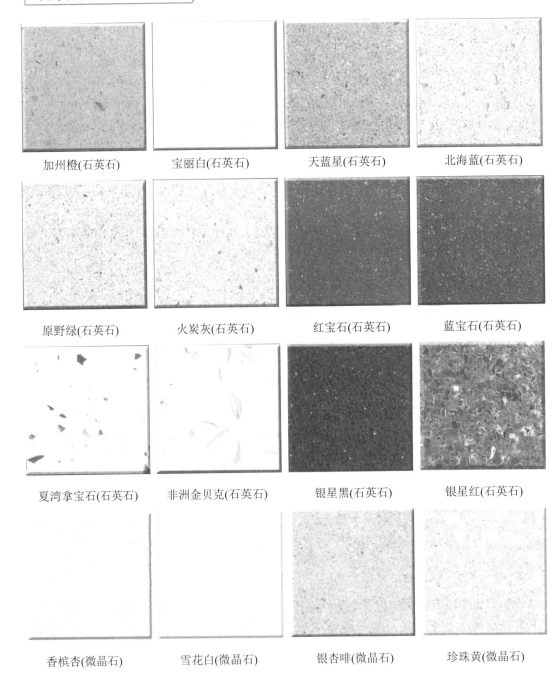

加州橙(石英石)　　　宝丽白(石英石)　　　天蓝星(石英石)　　　北海蓝(石英石)

原野绿(石英石)　　　火炭灰(石英石)　　　红宝石(石英石)　　　蓝宝石(石英石)

夏湾拿宝石(石英石)　非洲金贝克(石英石)　银星黑(石英石)　　　银星红(石英石)

香槟杏(微晶石)　　　雪花白(微晶石)　　　银杏啡(微晶石)　　　珍珠黄(微晶石)

图5.35　烧结型人造石材

5.5　文　化　石

5.5.1　文化石的分类

文化石有天然和人造两种，其材质坚硬、色泽鲜明、纹理丰富、风格各异，但不够平整，一般用于室外或室内局部装饰，如图 5.36 所示。

图 5.36　凯悦酒店一

1. 天然文化石

天然文化石是开采于自然界的石材矿床，其中的板岩、砂岩、石英石经过加工，成为一种装饰建材。天然文化石材质坚硬、色泽鲜明、纹理丰富、风格各异，具有抗压、耐磨 、耐火、耐寒、耐腐蚀、吸水率低等特点。

2. 人造文化石

人造文化石是采用硅钙、石膏等材料精制而成的。它模仿天然石材的外形纹理，具有质地轻、色彩丰富、不霉、不燃、便于安装等特点。

5.5.2　文化石的花色品种

文化石本身并不具有特定的文化内涵。但是文化石具有粗砺的质感、自然的形态，可以说，文化石是人们回归自然、返朴归真的心态在室内装饰中的一种体现。这种心态，我们也可以理解为是一种生活文化。

天然文化石最主要的特点是耐用，不怕脏，可无限次擦洗。但其装饰效果受石材原纹理限制，除了方形石外，其他的施工较为困难，尤其是拼接时。现在市面上主要常用的"文化石"花色品种如下。

(1) 蘑菇石系列，如图5.37所示。

白砂岩蘑菇石　　　粉红蘑菇石　　　红石英蘑菇石　　　红棕蘑菇石

黄木纹蘑菇石　　　黑石英蘑菇石　　　绿石英蘑菇石

图 5.37　蘑菇石系列

(2) 片岩石系列，如图5.38所示。

片岩—1　　　　　　　　　　片岩—2

图 5.38　片岩石系列

(3) 板岩石系列，如图5.39所示。

锈板　　　　　　　　　　青石平板

图 5.39　板岩石系列

5.5.3　人造文化石的优点

人造文化石的突出优点如下。

(1) 质地轻。比重为天然石材的 1/3~1/4，无需额外的墙基支撑。

(2) 经久耐用。不褪色、耐腐蚀、耐风化、强度高、抗冻与抗渗性好。

(3) 绿色环保。无异味、吸音、防火、隔热、无毒、无污染、无放射性。

(4) 防尘自洁功能。经防水剂工艺处理，不易粘附灰尘，风雨冲刷即可自行洁净如新，免维护保养。

(5) 安装简单，节省费用。无需将其铆在墙体上，直接粘贴即可；安装费用仅为天然石材的 1/3。

(6) 可选择性多。风格颜色多样，组合搭配使墙面极富立体效果，如图 5.40 所示。

图 5.40　凯悦酒店

5.6　砂　岩

现在市场上的天然砂岩主要有两种，主要的区别是进口的和国产的，进口的属澳洲砂岩最好，也是天然砂岩材质上比较好的；国产的要算云南的砂岩比较好。

砂岩能体现在不同室内外设计风格下的完美搭配，引起了行业全新的砂岩装饰潮流，砂岩的可塑性和表现力都相当强，能广泛适用于室内外工艺灯饰、工艺摆件、园林艺术、环境雕塑、装饰材料等，如图 5.41 所示。

图 5.41　砂岩装饰

5.7　软　石　材

软石材(软陶瓷)是以改性泥土(MCM)为主要原料，添加少量水溶性高分子聚合物，在动态温度曲线下，经辐照交联、烘烤成型的一种富有柔韧性的薄而轻的建筑装饰面材(如改性泥土：由普通泥土，包括江、河、湖、海的淤泥及城建废弃泥土，在高速动态温度下经表面活性剂复合改性成为改性泥土，简称 MCM。)，如图 5.42 所示。

图 5.42　软石材(软陶瓷)及安装结构图

软石材的特点

(1) 自重轻、抗震、安全性极高。

软石材是采用天然矿石尾矿、陶瓷颗粒及沙粒等无机粉料与现代高科技无机聚合型碳纤皮膜技术，在光化异构曲线温度催化聚合改性而成，使产品自身变得更轻、质地更加柔和。尤其使用在外墙高层建筑上更加安全可靠。

(2) 阻燃无烟、优异的防火性能

天然的矿石尾矿、陶瓷颗粒及沙粒等添加无机和部分有机粘结材料在光化异构曲线温度催化下形成软石材，其本身在火灾发生时不仅没有明火而且不产生浓烟，更不会对人体产生危害。

(3) 超强的化学稳定性使软石材自洁、耐酸、耐久、耐候性更加长久耐酸碱腐蚀、耐高温、耐紫外线老化，适用于各种环境下高档建筑外墙装饰及产品的性能，如图 5.43 所示。

图 5.43　软石材应用

(4) 节能低碳、环保健康使其内外装饰同样适用。天然的原材料矿石尾矿、陶瓷颗粒及沙粒等使产品具备隔热性，且不含甲醛、VOC 等挥发性及放射性有害化合物，在装饰、使用、生产、施工过程中不会对人员的健康造成危害，是绿色建筑材料。

(5) 节省空间、厚度只有墙面砖的三分之一厚。原始的材料与现代先进的生产工艺铸造了当代优质超薄高性能的质感装饰材料产品。

(6) 优越的柔韧性、超强剥离强度的耐冲击性。先进的无机聚合碳纤维皮膜技术及工艺是软石材最关键的技术，非凡的拉伸强度和剥离强度使产品的应用性提高到了极佳状态。

(7) 智能透气、防毒抗菌、防水、抗裂性优异。膜层结构形成防霉抗菌、透气、不透水、提及稳定、极低的温变性，从而具备了优越的抗裂、抗空鼓能力，使饰面结构更加稳定。

(8) 具备极高粘结强度可直接用于旧墙翻新节能改造。由于软石材具备优质和优越的柔韧性、抗裂、防水性及天然的质感美观，可直接粘贴在原有的旧墙面上，从而使翻新旧墙改造过程无需大量的对墙体铲除、节省大量资源。

(9) 施工简便、色彩多样彰显天然效果。软石材在施工方面更加轻便，极大地缩短了工期，以天然原始材料为机理，历代工艺制品和现代艺术创作等做基础，集300多种色调及与生俱来色泽天然优雅而丰富、历久弥新、25年以上不变形、不变色符合现代城市建筑回归自然的特性，如图5.44所示。

图 5.44　软石材应用

(10) 回归自然。软石材可回收，通过物流机械处理还原本土土质用于再利用或工作。

软石材技术可逼真表现陶土板、劈开砖、石材、陶瓷、木、皮、针织、金属板、编织品、清水板等材料的天然纹理和质感。用该技术制成的建筑装饰面材可无限延伸现代建筑装饰设计的表现手法。这种新材料可以使人类居住和工作环境变得更为安全、环保和温馨，如图5.45所示。

软石材表现的沙石效果　　　　　　　　软石材表现的文化石效果

图 5.45　软石材的表现效果

5.8　石材的施工工艺

5.8.1　石材的干挂法

1．墙面修整

当混凝土外墙表面的局部凸出处影响扣件安装时，须进行凿平修整。

2．弹线

找规矩，弹出垂直线和水平线，并根据设计图纸和实际需要弹出安装石材的位置线和分块线。石材安装前要事先用经纬仪打出大角两个面的竖向控制线，最好弹在离大角20cm的位置上，以便随时检查垂直挂线的准确性，保证顺利安装。竖向挂线宜 $\varphi 0.1 \sim \varphi 0.2$ 的钢丝，下边沉铁随高度而定，一般40m以下高度沉铁重量为 $8 \sim 10$kg，上端挂在专用的挂线角钢架上，角钢架用膨胀螺栓固定在建筑物大角的顶端，一定要挂在牢固、准确、不易碰动的地方，并要注意保护和经常检查，并在控制线的上、下端作出标记。

3．墙面涂防水料

由于板材与混凝土墙身之间不填充砂浆，为了防止因材料性能或施工质量可能造成渗漏，在外墙面上涂刷一层防水剂，以加强外墙的防水性能。

4．打孔

根据设计尺寸和图纸要求，将专用模具固定在台钻上，进行石材打孔。为保证位置准确垂直，要钉一个型石板托架，将石板放在托架上，要打孔的小面与钻头垂直，使孔成型后准确无误，孔深为20mm，孔径为5mm，钻头为4.5mm。由于它关系到板材的安装精度，因而要求钻孔位置正确，如图5.46所示。

5．固定连接件

在结构上打孔、下膨胀螺栓。在结构表面弹好水平线，按设计图纸及石板料钻钆位置，准确地弹在围护结构墙上并作好标记，然后按点打孔，打孔可使用冲击钻，上 $\varphi 2.5$ 的冲击钻头，打孔时，先用尖錾子在预先弹好的点上凿一个点，然后用钻打孔，孔深为 $60 \sim 80$mm，当遇结构中的钢筋时，可以将孔位在水平方向移动或往上抬高，在连接铁件时利用可调余量再调回。成孔要求与结构表面垂直，成孔后，把孔内的灰粉用小勺勺掏出，安放膨胀螺栓，宜将所需的膨胀螺栓全部安装就位。将扣件固定，用扳手扳紧，安装节点，连接板上的孔洞均呈椭圆形，以便于安装时调节位置，如图5.47所示。

图 5.46　打孔

图 5.47　固定连接件

6. 固定板块

底层石板安装。把侧面的连接铁件安装好，便可把底层面板靠角上的一块就位。方法是用夹具暂时固定，先将石板侧孔抹胶，调整铁件，插固定钢针，调整面板固定。依次按顺序安装底层面板，待底层面板全部就位后，检查一下各板水平是否在一条线上，若有高低不平的，要进行调整。低的可用木楔垫平；高的可轻轻适当退出点木楔，退到面板上口在一条水平线上为止。先调整好面板的水平与垂直度，再检查板缝，板缝宽应按设计要求，板缝均匀，将板缝嵌紧被衬条，嵌缝高度要高于 25cm。其后用 1∶2.5 的白水泥配制的砂浆，灌于底层面板内 20cm 高，砂浆表面上设排水管，如图 5.48 所示。

图 5.48　固定板块

石板上孔抹胶及插连接钢针，把 1∶1.5 的白水泥环氧树脂倒入固化剂、促进剂，用小棒搅匀，用小棒将配好的胶抹入孔中，再把长 40mm 的 $\phi 4$ 连接钢针通过平板上的小孔插入，直至面板孔，上钢针前检查其有无伤痕，长度是否满足要求，钢针安装要保证垂直。

7. 调整固定

面板暂时固定后，调整水平度，若板面上口不平，可在板底的一端下口的连接平钢板上垫一相应的双股铜丝垫，若铜丝粗，可用小锤砸扁；若高，可把另一端下口用以上方法垫一下。调整垂直度，并调整面板上口的不锈钢连接件的距墙空隙，直至面板垂直，如图 5.49 所示。

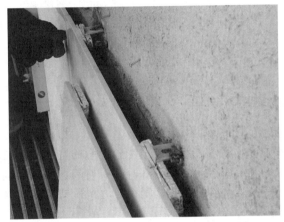

图 5.49　调整固定

8. 顶部板安装

顶部最后一层面板除了按一般石板安装要求外，安装调整后，在结构与石板的缝隙里吊一 20mm 厚的木条，木条上平位置为石板上口下去 250mm，吊点可设在连接铁件上，可采用铅丝吊木条，木条吊好后，即在石板与墙面之间的空隙里塞放聚苯板条，聚苯板条要略宽于空隙，以便填塞严实，防止灌浆时漏浆，造成蜂窝、孔洞等，灌浆至石板口下 20mm 作为压顶盖板之用。

9. 嵌缝

每一施工段安装后经检查无误，可清扫拼接缝，填入橡胶条，然后用打胶机进行硅胶涂封，一般硅胶只封平接缝表面或比板面稍凹少许即可。雨天或板材受潮时，不宜涂硅胶。

10. 清理

清理块板表面，用棉丝将石板擦干净，若有胶等其他黏结杂物，可用开刀轻铲、用棉丝蘸丙酮擦干净，如图 5.50 所示。

图 5.50　清理后

5.8.2　石材湿挂安装施工

室内装饰中的石材运用很广，宾馆饭店、大型商场、办公楼等公共场所的立面、柱面，经石材装饰后，既实用又美观，是十分理想的主要装饰材料。石材湿挂是常用的一种安装施工方法，也就是灌水泥浆的方法，其石材的选用、切割、运输、验收与干挂的要求基本相同，有区别的是石材使用的厚度不必达到干挂石材的要求。

1. 石材湿挂安装施工的设备

(1) 根据设计要求，现场核对实际尺寸，将精确尺寸报切割石材码单，并规划施工编号图，石材切割加工须按现场码单及编号图进行分批。现场实际尺寸误差较大的应及时报告原设计单位作适当调整。对于复杂形状的饰面板，要用不变形的板材放足尺寸大样。

(2) 对需挂贴石材的基层进行清理，基层必须牢固结实，无松动、洞隙；应具有足够承受石材重量的稳定性和刚度。钢架铁丝网粉刷必须连接牢固、无缝隙、无漏洞，基层表面应平整粗糙。

(3) 在需贴挂基层上拉水平、垂直线或弹线确定贴挂位置，安装施工环境必须无明显垃圾和有碍施工的材料，安装施工现场应有足够的光线和施工空间。

(4) 湿挂墙面、柱面上方的吊顶板必须待石材灌浆结束后，方可封板。

(5) 有纹理要求的必须进行预拼，对明显的色差应及时撤换，石材后背的玻纤网应去除，以免出现空鼓现象。

2. 湿挂石材的安装

(1) 湿挂石材应在石材上方端面用切割机开口，采用不锈钢丝或铜丝与墙体连接牢固，每块石材不应少于两个连接点，大于 600mm 的石材应有两个以上连接点加以固定。

(2) 石板固定后应用水平尺检查调整其水平与垂直度，并保持石板与贴挂基体有 20～40mm 的灌浆空隙。过宽的空隙应事先用砖砌实。石板与基层间可用木质楔体加以固定，防止石材松动。

(3) 采用 1∶3 的水泥砂浆灌注，灌注时要灌实，动作要慢，切不可大量倒入致使石板移动，灌浆时可一边灌、一边用细钢筋捣实，灌浆不宜过满，一般至板口留 20mm 为好，对灌注时沾在石材表面的水泥砂浆应及时擦除。

(4) 石板左右、上下连接处，可采用 502 胶水或云石胶点粘固定，对湿挂面积较大的墙面，一般湿挂两层后待隔日或水泥砂浆初凝后方能继续安装。

(5) 石材湿挂环境温度应控制在 5～35℃之间。冬季施工应根据实际情况在水泥砂浆中添加防冻剂，并保持施工后的保温措施；夏季施工，应在灌浆前将墙面充分潮湿后进行，否则容易引起空鼓与脱落。

(6) 石材湿挂安装后的缝隙应及时填补并加以保护。

(7) 石材湿挂的相拼、线条等较小面积的石材施工也应用不锈钢丝或铜丝与墙体连接，切不能图省力而予以疏忽与轻视。

本 章 小 结

本章主要介绍了石材的基本知识，天然大理石、天然花岗岩、人造石材、文化石、砂岩的特点及用途，石材干挂和湿挂的安装方法。

石材来自岩石，岩石按形成条件分为火成岩、沉积岩和变质岩三大类。石材的加工一般有锯切和表面加工；天然大理石抗压强度高，质地紧密而硬度不大，是高级的室内装饰材料；天然花岗岩具有结构细密，性质坚硬、耐酸、耐腐、耐磨，吸水性小，抗压强度高，耐冻性强，耐久性好等特点；现代建筑装饰业常采用人造石材，它具有重量轻、强度高、装饰性强、耐腐蚀、耐污染、生产工艺简单以及施工方便等优点；文化石有天然和人造两种，其材质坚硬、色泽鲜明、纹理丰富、风格各异，但不够平整，一般用于室外或室内局部装饰。

习 题

1. 天然大理石与天然花岗岩的特性有何不同？
2. 天然大理石与天然花岗岩饰面板的安装方法有哪些？各应如何进行？
3. 人造石材和天然石材的特性有何不同？

第 **6** 章

装饰水泥和砂浆

技能点

1. 了解白水泥、彩色水泥的应用
2. 了解装饰砂浆的组成及应用
3. 掌握装饰砂浆的种类及饰面特性
4. 掌握拉毛抹灰和斩假石的施工方法

难 点

拉毛抹灰和斩假石的施工方法

说 明

　　通过熟悉白水泥、彩色水泥的应用，了解装饰砂浆的组成、种类及饰面特性，掌握拉毛抹灰和斩假石的施工方法，使学生能够更好地将理论与实践联系起来。

6.1　装　饰　水　泥

装饰水泥是指白色水泥和彩色水泥。在建筑装饰工程中，常用白水泥、彩色水泥配成水泥色浆或装饰砂浆，或制成装饰混凝土，用于建筑物室内外表面装饰，以材料本身的质感、色彩美化建筑；有时也可以用各种大理石、花岗岩碎屑作为骨料配制成水刷石、水磨石等。

6.1.1　白水泥

凡以适当成分的生料烧至部分熔融，所得以硅酸钙为主要成分，铁质含量少的熟料加入适量的石膏，磨细制成的白色水硬性胶凝材料，称为白色硅酸盐水泥(简称白水泥)。磨制水泥时，允许加入不超过水泥重量5%的石灰石。主要用于建筑装饰，可配成彩色灰浆或制造各种彩色和白色混凝土，如水磨石、斩假石等，如图 6.1 和图 6.2 所示。

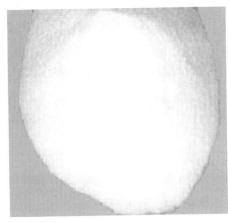

图 6.1　白水泥

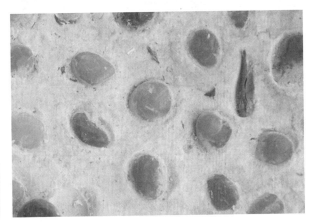

图 6.2　白水泥饰面

6.1.2　白水泥生产制造原理

硅酸盐水泥的主要原料为石灰石、黏土和少量的铁矿石粉，将这几种原料按适当的比例混合磨成生料，生料经均化后送入窑中进行煅烧，得到以硅酸钙为主要成分的水泥熟料，再在水泥熟料中掺入适量的石膏共同磨细得到的水硬性胶凝材料，即硅酸盐水泥。其生产流程如白水泥与普通硅酸盐水泥的生产方法基本相同，严格控制水泥中的含铁量是白水泥生产中的一项主要技术。生产工艺要求如下。

(1) 严格控制原料中的含铁量。要求生产白色水泥的石灰石质原料中的含铁的质量分数(以 Fe_2O_3 计)低于 0.05%；黏土质原料要选用氧化铁含量低的高岭土(或称为白土)或含铁质较低的砂质黏土；校正性原料有瓷石和石英砂等。

(2) 严格控制粉磨工艺中带入的铁质。生产白色水泥时，磨机衬板应用花岗岩、陶瓷或优质耐磨钢制成，研磨体用硅质鹅卵石或高铬铸铁材料制成。铁质输送设备须仔细油漆，以防止铁屑混入，降低熟料的白度。

(3) 尽量选用灰分小的燃料，最好是无灰分的燃料，如天然气、重油等。

(4) 熟料中硅酸三钙的颜色较硅酸二钙白，而且着色氧化物易固溶于硅酸二钙中，所以提高硅酸三钙含量有利于提高水泥的白度。

(5) 采取一定的漂白工艺。水泥厂生产白色水泥常用的漂白工艺有两种。一种是将熟料在高温下急速冷却到 $500 \sim 600 ℃$，使熟料中的 Fe_2O_3 及其他着色元素固溶于玻璃体中，达到使熟料颜色变淡的目的。熟料急冷前的温度越高，漂白作用越好。另一种是在特殊的漂白设备中进行漂白处理，在 $800 \sim 900 ℃$ 的还原气氛下，熟料中强着色的三价铁还原为着色力弱的二价铁，提高熟料的白度。

(6) 为了保证水泥的白度，石膏的白度必须比熟料的白度高，所以一般采用优质的纤维石膏。

(7) 提高水泥的粉磨细度，也可提高水泥的白度。一般控制白色水泥的比表面积为 $350 \sim 400 m^3/kg$。

6.1.3 白色水泥的白度及等级

国家标准对白色硅酸盐水泥的白度分为 4 个等级，见表 6-1。

表 6-1 白色水泥的白度等级

等　　级	特　　级	一　　级	二　　级	三　　级
白度/(%)	≥86	≥84	≥80	≥75

6.1.4　白色水泥的品质指标

白色水泥的品质指标见表 6-2。

表 6-2　白色水泥的品质指标

项　　目	品质指标					
强度等级	抗压强度/MPa			抗折强度/MPa		
	3d	7d	28d	3d	7d	28d
32.5	14.0	20.5	32.5	2.5	3.5	5.5
42.5	18.0	26.5	42.5	3.5	4.5	6.5
52.5	23.0	33.5	52.5	4.0	5.5	7.0
62.5	28.0	42.0	62.5	5.0	6.0	8.0
白色水泥等级划分	水泥等级	优等品	一等品		合格品	
	对应白度等级	特级	一级	二级	二级	三级
	对应强度等级	525 625	425 525	425 525	325 425	325

白水泥具有强度高、色泽洁白、可以配制各种彩色砂浆及彩色涂料的特点，主要应用于建筑装饰工程的粉刷，制造具有艺术性和装饰性的白色、彩色混凝土装饰结构，制造各种颜色的水刷石、仿大理石及水磨石等制品，配制彩色水泥，如图 6.3 所示。

图 6.3　白水泥装饰楼梯

6.2 彩色水泥

6.2.1 彩色水泥的生产方法

彩色水泥生产方法有 3 种。

(1) 在普通白水泥熟料中加入无机或有机颜料共同进行磨细。多用的无机矿物颜料包括铅丹、铬绿、群青、普鲁士红等。在制造如红色、黑色或棕色等深色彩色水泥时，可在普通硅酸盐水泥中加入矿物颜料，而不一定用白水泥。

(2) 在白水泥生料中加入少量金属氧化物作为着色剂，烧成熟料后再进行磨细。

(3) 将着色物质以干式混合的方法掺入白水泥或其他硅酸盐水泥中进行磨细。

上述 3 种方法中，第一种方法生产的彩色水泥色彩较为均匀，颜色也浓；第二种方法生产的彩色水泥着色剂用量较少，也可用工业副产品作着色剂，成本较低，但彩色水泥色泽数量有限；第三种方法生产的彩色水泥生产方法较简单，色泽数量较多，但色彩不易均匀，颜料用量较大。

无论用上述哪一种方法生产彩色水泥，它们所用的着色剂必须满足以下要求。

(1) 不溶于水，分散性好。

(2) 耐候性好，耐光性达 7 级以上(耐光性共分 8 级)。

(3) 抗碱性强，达到一级耐碱性(耐碱性共分 7 级)。

(4) 着色力强，颜色浓(着色力是指颜料与水泥等胶凝材料混合后显现颜色深浅的能力)。

(5) 不含杂质。

(6) 不能导致水泥强度显著降低，也不能影响水泥的正常凝结硬化。

(7) 价格便宜。

从上述要求来看，彩色水泥用的着色剂以无机颜料最适宜。彩色水泥经常使用的颜料的掺入量与着色度关系密切，掺入量越多，颜色越浓。除此以外，在相同混合条件下，颜料种类不同，着色度也不同。如铁丹的粒子较细，所以着色效果也比较好，一般颜料的着色能力与其粒径的平方成反比。

6.2.2 彩色水泥的颜料品种

采用无机矿物颜料能较好地满足彩色水泥对颜料的要求。常用的颜料品种见表 6-3，如图 6.4 所示(效果图见彩插第 6 页)。

表 6-3　彩色水泥常用的颜料

颜　色	品种及成分
白	氧化钛(TiO_2)
红	合成氧化铁，铁丹(Fe_2O_3)
黄	合成氧化铁($Fe_2O_3 \cdot H_2O$)
绿	氧化铬(Cr_2O_3)
青	群青 $[2(Al_2Na_2Si_3O_{10}) \cdot Na_2SO_4]$，钴青($CoO \cdot n\ Al_2O_3$)
紫	钴$[Co_3(PO_4)_2]$，紫氧化铁(Fe_2O_3 的高温烧成物)
黑	碳黑(C)，合成氧化铁($Fe_2O_3 \cdot FeO$)

彩色水泥(绿)

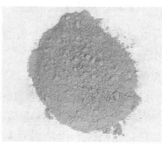
彩色水泥(黄)

彩色水泥(红)

图 6.4　彩色水泥

6.2.3　装饰水泥的应用

白水泥和彩色水泥主要用于建筑物内外表面的装饰。它既可配制彩色水泥浆，用于建筑物的粉刷，又可配制彩色砂浆，制作具有一定装饰效果的各种水刷石、水磨石、水泥地面砖、人造大理石等，如图 6.5 所示。

1. 配制彩色水泥浆

彩色水泥浆是以各种彩色水泥为基料，同时掺入适量氯化钙促凝早强剂和皮胶水胶料配制而成的刷浆材料。凡是混凝土、砖石、水泥砂浆、混合砂浆、石棉板、纸筋灰等基层，均可使用。

图 6.5　彩色水泥自流平

　　彩色水泥色浆的配制须分头道浆和二道浆两种。头道浆按水灰比 0.75、二道浆按水灰比 0.65 配制。刷浆前将基层用水充分湿润，先刷头道浆，待其有足够强度后再刷二道浆。浆面初凝后，必须立即开始洒水养护，至少养护 3 天。为保证不发生脱粉(干后粉刷脱落)及被雨水冲掉，还可在水泥色浆中加入占水泥质量 1%～2% 的无水氯化钙和占水泥质量 7% 的皮胶液，以加速凝固，增强黏结力；彩色水泥浆的用料配合比见表 6-4。

　　彩色水泥浆还可用白色水泥或普通水泥为主要胶结料，掺以适量的促凝剂、增塑剂、保水剂及颜料配制成水泥色浆，其用途与上述彩色水泥浆相同，如图 6.6 所示(效果图见彩插第 6 页)。

图 6.6　彩色水泥压模地面

表 6-4　彩色水泥浆(刷浆用)的施工方法、注意事项及用料配合比

施工方法		注意事项	用料配合比		
			用料名称		质量比
基层表面处理	被粉刷的基层表面必须彻底清扫,洗刷干净,不得有任何粉尘、污垢、霉菌、砂灰残余、油漆及其他松散物质	彩色水泥浆施工以后,经常发生脱粉(干后粉刷脱面)及被雨水冲掉两种现象。其原因并非彩色水泥质量问题,而是施工方法问题。因彩色水泥是一种水硬性胶凝材料,它的强度在 500 号以上,用于粉刷,不会不牢。之所以脱粉、被冲,主要原因是水泥浆涂层很薄,所含水分在水泥尚未达到充分硬化以前,即被蒸发净尽,以致水泥浆达不到应有强度,黏结力大大降低,因此此水泥浆与基层黏结不牢。故施工之前,基层必须充分用水湿润,完工以后,涂层必须严格洒水养护,头道浆必须加大水灰比。这3点非常重要。为了解决彩色水泥浆上述脱粉、被冲两个问题,除须保证基层湿润、涂层养护以外,还可在水泥浆中加入水泥质量 1%～2% 的无水氯化钙,以加速水泥浆的凝固时间。若再加入水泥浆质量7%的皮胶水以增加水泥浆的黏结力,则更理想	彩色水泥		100
彩色水泥浆配制及施工	配料			水	头道浆	75
					二道浆	65
	配料应由专人负责,严格掌握本表所列用料比例,准确过秤下料	防止脱粉的措施	无水氯化钙		1～2
	配浆	配制彩色水泥色浆须分头道浆、二道浆两种。头道浆按水灰比为0.75、二道浆按水灰比为 0.65 配制。配制时,先以定量水的1/3(约数)加入水泥之中,像冲奶粉那样充分搅拌调成均匀的漆状稠液。然后再将其余 2/3 的水全部加入,充分搅拌,直至水泥浆完全均匀为止		皮胶水		7(按水泥浆质量计)
	沉入度测定	彩色水泥浆配好后,须立即进行沉入度测定。若沉入度与本表规定指标不符,应将水灰比进行调整,重新配浆。配好后用此浆进行施工		刷浆用的彩色水泥浆,其沉入度规定如下:用300g 锥形稠度仪测定,沉入度应在 13cm 左右		

续表

施工方法			注意事项	用料配合比	
				用料名称	质量比
彩色水泥浆配制及施工	刷浆	①先将基层用水充分湿润(原因见右栏),湿润时应将半天内拟粉刷的全部面积同时均匀喷水,以免刷浆后色彩不匀 ②彩色水泥浆要求稠度较大,刷浆时应用油漆棕刷施工。刷浆时先刷头道浆,头道浆刷毕待有足够强度后再刷二道浆。头、二道浆总厚度约为0.5mm ③二道浆刷毕,浆面初凝后,必须立即开始洒水养护。每日洒4~6遍,至少养护3d。但室内粉刷不需洒水养护,湿度大的地方室外粉刷也不需养护	浮水现象	由于彩色水泥中掺有防水剂,故加水拌合时,水泥有浮水现象。只需充分搅拌,即可将水泥浆拌匀,此现象即可消失	备注: ①若使用促凝剂无水氯化钙,应将氯化钙先加水调好,用油漆工用的34孔/平方英寸铜丝罗过罗后,再加入水泥浆内。调氯化钙所用之水,应在"用料配合比"栏内所列水的总用量以内 ②彩色水泥用量每100m² 刷浆面积约为32~35kg

注:彩色水泥刷浆,内外粉刷以及天棚、柱子、装饰等均可使用,但不宜冬季施工,若必须在冬季施工时,应采取保温措施。

2. 配制彩色砂浆

彩色砂浆是以水泥砂浆、混合砂浆、白灰砂浆直接加入颜料配制而成,或以彩色水泥与砂配制而成。

彩色砂浆用于室外装饰,可以增加建筑物的美观。它呈现各种色彩、线条和花样,具有特殊的表面效果。常用的胶凝材料有石膏、石灰、白水泥、普通水泥,或在水泥中掺加白色大理石粉,使砂浆表面色彩更为明朗。集料多用白色、浅色或彩色的天然砂、石屑(大理岩、花岗岩等)、陶瓷碎粒或特制的塑料色粒,有时为使表面获得闪光效果,可加入少量云母片、玻璃碎片或长石等。在沿海地区,也有在饰面砂浆中加入少量小贝壳,使表面产生银色闪光。集料颗粒可分别为1.2mm、2.5mm、5.0mm或10mm,有时也可用石屑代替砂石。彩色砂浆所用颜料必须具有耐碱、耐光、不溶的性质。彩色砂浆表面可进行各种艺术处理,制成水磨石、水刷石、斧剁石、拉假石、假面砖及拉毛、喷涂、滚涂、干粘石、喷粘石、拉条和人造大理石等,如图6.7所示(效果图见彩插第6页)。

3. 配制彩色混凝土

彩色混凝土是以粗骨料、细骨料、水泥、颜料和水按适当比例配合，拌制成混合物，经一定时间硬化而成的人造石材，混凝土的彩色效果主要是颜料颗粒和水泥浆的固有颜色混合的结果。

彩色水泥混凝土所使用的骨料，除一般骨料外还需使用昂贵的彩色骨料，宜采用白色或彩色大理石、石灰石、石英砂和各种颜色的石屑，但不能掺合其他杂质，以免影响其白度及色彩，如图 6.8 所示。

图 6.7　彩色水泥护栏

图 6.8　彩色水泥压花地面

彩色混凝土的装饰效果主要决定于其表面色泽的鲜美、均匀与经久不变。采用如下方法可有效地防止白霜的产生。

(1) 骨料的粒度级配要调整合适；

(2) 在满足和易性的范围内尽可能减少用水量，施工时尽量使水泥砂浆或混凝土密实；

(3) 掺加能够与白霜成分发生化学反应的物质(如混合材料、碳酸铵、丙烯酸钙)，或者能够形成防水层的物质(如石蜡乳液)等外加剂；

(4) 使用表面处理剂；

(5) 少许白霜就会明显污染深色彩色水泥的颜色，所以最好避免使用深色的彩色水泥；

(6) 蒸汽养护能有效防止水泥制品初始白霜的产生。

6.3 砂　　浆

凡涂抹在基底材料的表面，兼有保护基层和增加美观作用的砂浆，可统称为抹面砂浆。根据抹面砂浆功能不同，一般可将抹面砂浆分为普通抹面砂浆、防水砂浆、装饰砂浆和特种砂浆(如绝热、吸声、耐酸、防射线砂浆)等。与砌筑砂浆相比，抹面砂浆的特点和技术要求如下。

(1) 抹面层不承受荷载；

(2) 抹面砂浆应具有良好的和易性，容易抹成均匀平整的薄层，便于施工；

(3) 抹面层与基底层要有足够的黏结强度，使其在施工中或长期自重和环境作用下不脱落、不开裂；

(4) 抹面层多为薄层，并分层涂沫，面层要求平整、光洁、细致、美观；

(5) 多用于干燥环境，大面积暴露在空气中。

抹面砂浆的组成材料与砌筑砂浆基本上是相同的，但为了防止砂浆层的收缩开裂，有时需要加入一些纤维材料，或者为了使其具有某些特殊功能需要选用特殊骨料或掺加料。

6.3.1　普通抹面砂浆

普通抹面砂浆对建筑物和墙体起到保护作用。它可以抵抗风、雨、雪等自然环境对建筑物的侵蚀，并提高建筑物的耐久性，同时经过抹面的建筑物表面或墙面又可以达到平整、光洁、美观的效果。常用的普通抹面砂浆有水泥砂浆、石灰砂浆、水泥混合砂浆、麻刀石灰砂浆(简称麻刀灰)、纸筋石灰砂浆(简称纸筋灰)等，如图6.9所示。

图 6.9　抹面砂浆

普通抹面砂浆通常分为两层或 3 层进行施工。底层抹灰的作用是使砂浆与基底能牢固地黏结,因此要求底层砂浆具有良好的和易性、保水性和较好的黏结强度;中层抹灰主要是找平,有时可省略;面层抹灰是为了获得平整、光洁的表面效果。各层抹灰面的作用和要求不同,因此每层所选用的砂浆也不一样。同时不同的基底材料和工程部位,对砂浆技术性能要求也不同,这也是选择砂浆种类的主要依据。

水泥砂浆宜用于潮湿或强度要求较高的部位;混合砂浆多用于室内底层、中层或面层抹灰;石灰砂浆、麻刀灰、纸筋灰多用于室内中层或面层抹灰。水泥砂浆不得涂抹在石灰砂浆层上。

普通抹面砂浆的组成材料及配合比,可根据使用部位及基底材料的特性确定,一般情况下可参考有关资料和手册选用。

6.3.2　装饰砂浆

装饰砂浆是指涂抹在建筑物内外墙表面,具有美观装饰效果的抹面砂浆。装饰砂浆的底层和中层抹灰与普通抹面砂浆基本相同,但是其面层要选用具有一定颜色的胶凝材料和骨料,经各种加工处理,使得建筑物表面呈现各种不同的色彩、线条和花纹等装饰效果,如图 6.10 所示(效果图见彩插第 6 页)。

图 6.10　装饰砂浆

1. 装饰砂浆的组成材料

(1) 胶凝材料。装饰砂浆所用胶结材料与普通抹面砂浆基本相同,只是灰浆类饰面更多地采用白色水泥或彩色水泥。

(2) 集料。装饰砂浆所用集料,除普通天然砂外,石碴类饰面常使用石英砂、彩釉砂、着色砂、彩色石碴等。

(3) 颜料。装饰砂浆中的颜料,应采用耐碱和耐光晒的矿物颜料。

2. 装饰砂浆主要饰面方式

装饰砂浆饰面方式可分为灰浆类饰面和石碴类饰面两大类。

灰浆类饰面主要通过水泥砂浆的着色或对水泥砂浆表面进行艺术加工,从而获得具有特殊色彩、线条、纹理等质感的饰面。其主要优点是材料来源广泛,施工操作简便,造价比较低廉,而且通过不同的工艺加工,可以创造不同的装饰效果。常用的灰浆类饰面有以下几种。

1) 拉毛灰

拉毛灰是用铁抹子,将罩面灰浆轻压后顺势拉起,形成一种凹凸质感很强的饰面层。拉细毛时用棕刷蘸着灰浆拉成细的凹凸花纹,如图6.11所示。

2) 甩毛灰

甩毛灰是用竹丝刷等工具将罩面灰浆甩涂在基面上,形成大小不一而又有规律的云朵状毛面饰面层,如图6.12所示。

图6.11 拉毛灰饰面

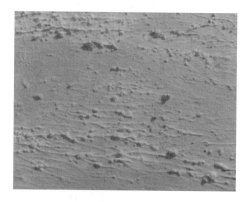

图6.12 甩毛灰饰面

3) 搓毛灰

搓毛灰是在罩面灰浆初凝时,用硬木抹子由上至下搓出一条细而直的纹路,也可沿水平方向搓出一条L形细纹路,当纹路明显搓出后即停。这种装饰方法工艺简单、造价低,效果朴实大方,远看有石材经过细加工的效果。

4) 拉条

拉条抹灰是采用专用模具把面层砂浆做出竖向线条的装饰做法。拉条抹灰有细条形、粗条形、半圆形、波形、梯形、方形等多种形式。一般细条形抹灰可采用同一种砂浆级配，多次加浆抹灰拉模而成；粗条形抹灰则采用底、面层两种不同配合比的砂浆，多次加浆抹灰拉模而成。砂浆不得过干，也不得过稀，以能拉动可塑为宜。它具有美观、大方、不易积灰、成本低等优点，并有良好的音响效果，适用于公共建筑门厅、会议厅的局部、影剧院的观众厅等，如图 6.13 所示。

5) 假面砖

假面砖是采用掺入氧化铁系颜料的水泥砂浆，通过手工操作达到模拟面砖装饰效果的饰面做法。它适合于建筑物的外墙抹灰饰面。

6) 假大理石

假大理石是用掺入适当颜料的石膏色浆和素石膏浆按 1∶10 比例配合，通过手工操作，做成具有大理石表面特征的装饰抹灰。这种装饰工艺对操作技术要求较高，如果做得好，无论在颜色、花纹和光洁度等方面，都接近天然大理石效果。其适用于高级装饰工程中的室内墙面抹灰，如图 6.14 所示。

图 6.13　拉条饰面

图 6.14　假大理石

7) 弹涂

弹涂是在墙体表面涂刷一道聚合物水泥色浆后，通过一种电动(或手动)筒形弹力器，分几遍将各种水泥色浆弹到墙面上，形成直径为 1～3mm、大小近似、颜色不同、互相交错的圆粒状色点，深浅色点互相衬托，构成一种彩色的装饰面层。这种饰面黏结力好，对基层适应性广泛，可直接弹涂在底层灰上和底基较平整的混凝土墙板、石膏板等墙面上。由于饰面层凹凸起伏不大，加之外罩甲基硅树脂或聚乙烯醇缩丁醛涂料，故耐污染性、耐久性都较好，如图 6.15 和图 6.16 所示。

图 6.15　弹涂饰面 1

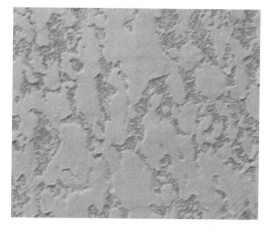

图 6.16　弹涂饰面 2

3. 常用的石碴类饰面种类

1) 水刷石

水刷石是将水泥和石碴按比例配合并加水拌合制成的水泥石碴浆，用作建筑物表面的面层抹灰，待其水泥浆初凝后，以硬毛刷蘸水刷洗，或用喷浆泵、喷枪等喷以清水冲洗，冲刷掉石碴浆层表面的水泥浆皮，从而使石碴半露出来，达到装饰效果。

图 6.17　水刷石墙面

水刷石饰面的材料配比，视石子的粒径有所不同。通常，当用大八厘石碴时，水泥石碴浆比例为 1∶1；采用中八厘石碴时，为 1∶1.25；采用小八厘石碴时，为 1∶1.3；而采用石屑时，则水泥∶石屑为 1∶1.5。若用砂做骨料，即成清水砂浆，如图 6.17 所示。

2) 水磨石

用普通水泥、白水泥、彩色水泥或普通水泥加耐碱颜料拌和各种色彩的大理石石碴做面层，硬化后用机械反复磨平抛光表面而成。水磨石多用于地面、水池等工程部位。可事先设计图案色彩，磨平抛光后更具艺术效果。水磨石还可制成预制件或预制块，作为楼梯踏步、窗台板、柱面、台度、踢脚板、地面板等构件。室内外的地面、墙面、台面、柱面等，也可用水磨石进行装饰，如图 6.18 和图 6.19 所示。

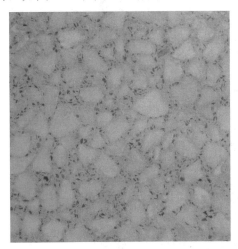

图 6.18　水磨石 1　　　　　　　　　　　　图 6.19　水磨石 2

3) 斩假石

又称为剁假石、斧剁石。砂浆的配制与水刷石基本一致。抹面后待砂浆硬化后，用斧刃将表面剁毛并露出石碴。斩假石的装饰艺术效果与粗面花岗岩相似。在石碴类饰面的各种做法中，斩假石的效果最好。它既具有貌似真石的质感，又有精工细作的特点，给人以朴实、自然、素雅、庄重的感觉。斩假石饰面存在的问题是费工费力，劳动强度大，施工效率较低。斩假石饰面所用的材料与前述的水刷石等基本相同，不同之处在于骨料的粒径一般较小；通常宜采用石屑(粒径 0.5～1.5mm)，也可采用粒径为 2mm 的米粒石，内掺30％的石屑(粒径 0.15～1.0mm)。小八厘的石碴也偶有采用。

斩假石饰面的材料配比，一般采用水泥∶白石屑为 1∶1.5 的水泥石屑浆，或采用水泥∶石碴为 1∶1.25 的水泥石碴浆(石碴内掺 30％的石屑)。为了模仿不同天然石材的装饰效果，如花岗石、青条石等，可以在配比中加入各种彩色骨料及颜料。斩假石饰面一般多用于局部小面积装饰，如勒脚、台阶、柱面、扶手等，如图 6.20 所示。

4) 嵌石砂浆

在砂浆表面用一定尺寸的卵石，镶嵌出一定的花纹图案，这种图案也称为马赛克。这种工艺在传统的中国园林和苏州园林的墙面和地面上采用，如北京故宫的御花园中的甬路路面，就采用了这种嵌石砂浆。

图 6.20　斩假石

6.4　施　工　工　艺

6.4.1　拉毛抹灰的施工方法

1. 找规矩、抹灰饼、充筋

高层建筑应用经纬仪在大角两侧、门窗洞口两边、阳台两侧等部位打出垂直线,做好灰饼;多层建筑可用特制的大线坠从顶层开始,在大角两侧、门窗洞口两侧、阳台两侧吊出垂直线,做好灰饼。这些灰饼作为以后抹灰层的依据。

2. 抹底层砂浆

底层砂浆采用 1∶0.5∶4 的水泥、石灰砂浆或 1∶0.2∶0.3∶4 的水泥、石膏灰、粉煤灰混合砂浆,做法同一般抹灰。

3. 弹线、分格

按图纸要求进行,并粘贴好分格条。

4. 抹拉毛灰与拉毛

常用拉毛灰有纸筋石灰拉毛灰与水泥石灰砂浆拉毛灰两种。抹拉毛灰与拉毛应同时进行，操作方法以一人抹灰，另一人紧跟着拉毛，采用纸筋石灰拉毛灰，厚度为 4～20mm，以厚薄均匀为合格。拉毛用硬毛鬃刷在墙上垂直拍拉，拉出毛头；采用水泥砂浆拉毛灰者，拉毛采用白麻缠成的圆形麻刷，将砂浆一点一带，带出均匀的毛疙瘩，如图 6.21 所示。

拉毛的成型有粗花、中花、细花与条筋形之分。拉毛灰中掺加石灰膏的的比例越高，拉毛越细。拉细毛一般掺加 25%～30%的石灰膏与适量砂子，拉粗毛掺加石灰膏重量 3%的纸筋。同时，拉毛工具越粗大，则拉毛花也越粗。

图 6.21　抹拉毛灰

不管是拉细毛或粗毛，均应用力均匀，速度一般，对个别拉毛不合要求处，可以补拉 1～2 次，使之达到要求。

拉出毛头，待稍干，用抹子轻压，可除去毛头棱角。

条筋形拉毛操作方法如下。

待中层砂浆六七成干时，刮水灰比为 0.37～0.40 的水泥浆，然后抹水泥石灰砂浆面层，随即用硬毛鬃刷拉细毛面，刷条筋。刷条筋前，先在墙上弹垂直线，线与线的距离以 40cm 左右为宜，以此作为刷筋的依据。条筋的宽度约 20mm，间距约 30mm。刷条筋，宽窄不要太一致，应自然带点毛边，条筋之间的拉毛应保持整洁、清晰。

根据条筋的间距和条筋的宽窄，把刷条筋用的刷子鬃毛剪成 3 条，以便一次刷出 3 条筋。

5. 洒毛灰

洒毛灰是使用茅草、高粱穗、竹条等绑成 20cm 左右长的茅柴帚蘸罩面砂浆往中层砂浆面上洒，形成大小不一但又具一定规律的毛面。洒毛面层通常用 1∶1 的水泥砂浆洒在带色的中层上，操作时要注意应一次成活，不能补洒，在一个平面上不留接槎。洒毛时，由上往下进行，要用力均匀，每次蘸的砂浆量、洒向墙面的角度与墙面的距离都要保持一致。当几人同时操作时，应先试洒，看每个人的手势是否一样，在墙面形成的毛面是否调和，要使操作人员动作达到基本相同后方可大面积施工。也有的在刷色的中层上，人为不均匀地洒上罩面灰浆，并用抹子轻轻压平，部分露出有色的底子，形成底色与洒毛灰纵横交错呈云朵状的饰面。

6. 冬、雨期施工

外墙面拉毛抹灰在严冬期应停止施工，初冬施工时，应掺入能降低冰点的抗冻剂，当面层涂刷涂料时，应使其所掺入的外加剂与涂料材质相匹配。

冬期室内进行拉毛施工时，其操作地点温度应在 10℃以上，以利于施工。

雨期施工应搞好防雨设施，下雨时，严禁在外墙进行拉毛施工。

6.4.2 斩假石的施工方法

(1) 斩假石施工工艺在抹面层石碴前均同于一般抹灰。

(2) 凡设计有分格要求者，按设计图弹线、分格、贴分格条。

(3) 抹面层石碴。

水泥石子浆必须严格按照配合比计量配制，若是彩色假石，必须先按配合比将水泥和颜料干拌(并经 2～3 次筛)均匀后备用，再按配合比与石子(石米)拌均匀，一般用 1∶1.25(水泥、石碴体积比)然后加水搅拌(最好使用机械搅拌)。

抹石子浆面层前，先将底层淋水湿润，抹纯水泥浆一遍(彩色假石为水泥和颜料干拌均匀后制备的水泥浆)，随即抹上石子浆面层，厚度为 10mm 左右。面层应一次抹完，赶平后要拍打压实，边角无空隙。随即用软毛刷蘸水把表面水泥浆刷掉，做到露面石碴均匀分布，表面平整，线角分明，不得有崩缺、漏石、烂眼等现象。

线条斩假石抹面：首先抹成小于规定尺寸的近似形状，凝固后在其上下墙面上装贴木直尺作引条用(线脚扯模运行的导轨)，抹线脚垫层厚度每次不超过 10mm，否则会产生下淌脱底。抹制线脚的扯模有死模(单向运行)与活模(往返运行)之分。

室外个别部位的线脚，如较宽大的挑檐与墙面交接处的装饰线，采用死模扯制。

线脚阴角的接角是一项费工较大的工作，不论用死模或活模扯抹各种线脚，当线脚是上大下小成倾斜形状时，扯模只能推进到上部终点，而下部尚有一段必须用抹具塑抹线条。

这项接角工作还必须由技术熟练的工人担任，费工很大。为使线脚不同厚度的上下口都能用扯模扯到阴角交接顶点，使转角线脚的交接基本上达到吻合状态，以求减少接角工作量，可另制一种接角器(阴角扯模)，按线脚形状用木板制成阴模套板，长约 300mm，再按线脚上下高度的厚薄之差，将扯模两端制成上小下大的斜角状，表面按线脚规格包满白铁皮即可。

扯制线脚时，先用扯模扯至离阴角约 600～800mm 处，将留下的这段改用接角器来扯制，然后只需将阴角交接点修整就行了。这种方法不但省工，而且能保证线脚规格一致，质量要比手工接角好。

斩假石线脚，为与墙面分块取得协调，也应分段。分段用的木线条规格，应与墙面分块用的相同，但其形状须制成与线脚轮廓一致。这种线条的横竖交接可锯成小段来钉合，但弧形曲线部位应先画成实样，然后将木条按实样在线脚曲线凸出部的背面，用细锯锯成多道缝隙，就能将它弯曲成所需的形状。只有这样，才能使木线条平伏的镶贴于线脚垫层上。

线脚假石层扯抹完毕后，应用钢皮镘刀抹压一遍，以增强砂浆的密实性，然后用平面或弧形面的木制抹子左右打磨平整，边缝及接角处应用毛刷蘸水少许将砂浆表面刷光。

花饰斩假石抹面：先在底面绘制花饰图形，然后用钢皮雕塑刀把砂浆塑上，塑形时，每次不能塑得太厚，应与粉刷抹面每次的厚度相近，等塑形完成时，还须压实抹光。

(4) 养护。石子浆面层抹完后，次日起应进行淋水养护，以保持湿润为度。养护时间根据气温确定，常温下一般为 2～3 天。气温较低时应养护 4～5 天。

(5) 弹线。有设计要求时，按设计要求弹出不剁边条范围的线，一般不剁边条宽 15～20mm。若分格大，不剁边条可适当加宽。

(6) 剁石。经试剁，坯子不脱落便可正式剁。

① 斩剁的顺序应由上到下、由左到右进行。先剁转角和四周边缘，后剁中间墙面。转角和四周剁水平纹，中间剁垂直纹。若墙面有分格条时，每剁一行，应随时将上面和竖向分格条取出，并及时用水泥浆将分块内的缝隙、小孔修补平整。

② 斩剁时，先轻剁一遍，再盖着前一遍的斧纹剁深痕，用力必须均匀，移动速度一致；不得有漏剁，如图 6.22 所示。

③ 墙角、柱子边缘，宜横剁出边缘横斩纹或留出窄小边条(从边口进 30～40mm)不剁。剁边缘时，应用锐利小斧轻剁，防止掉角掉边。

④ 用细斧剁斩一般墙面时，各格块体的中间部分均剁成垂直纹，纹路应相应平行，上下各行之间均匀一致。

⑤ 用细斧剁斩墙面雕花饰时，剁纹应随花纹走势而变化，不允许留下横平竖直的斧纹，花饰周围的平面上应剁成垂直纹。

图 6.22　斩剁石

冬期施工：一般只在初冬期间施工，严冬阶段不能施工；砂浆的使用温度不得低于 5℃，砂浆硬化前，应采取防冻措施；用冻结法砌筑的墙，应待其解冻后再抹灰。

砂浆抹灰层硬化初期不得受冻。气温低于 5℃时，室外抹灰所用的砂浆可掺入能降低冻结温度的外加剂，其掺加量应由试验确定。

本 章 小 结

本章主要介绍了白水泥、彩色水泥、装饰砂浆的应用、组成、种类及饰面特性，拉毛抹灰和斩假石的施工工艺。

白水泥主要用于建筑装饰，可配成彩色灰浆或制造各种彩色和白色混凝土如水磨石、斩假石等；彩色水泥主要用在建筑物内外表面的装饰。它既可配制彩色水泥浆，用于建筑物的粉刷，又可配制彩色砂浆，制作具有一定装饰效果的各种水刷石、水磨石、水泥地面砖、人造大理石等；抹面砂浆分为普通抹面砂浆、防水砂浆、装饰砂浆和特种砂浆等。

习　　题

1．彩色水泥如何配制？
2．装饰砂浆的主要饰面形式有哪些？
3．试分析影响砂浆黏结性的主要因素有哪些？

第 7 章

墙面装饰材料

7.1 木 饰 面 板

用木材装饰室内墙面，从使用的板材类型上分类，常有两种类型，一类是薄木装饰板，此种板材主要是由原木加工而成，经选材干燥处理后用于装饰工程中；另一类是人工合成木制品，它主要由木材加工过程中的下脚料或废料，经过机械处理，生产出人造材料。两种类型的板材在工程中应用都比较广泛。

7.1.1 木胶合夹板

1．胶合板

胶合板是用涂胶后的单板按木纹方向纵横交错配成的板坯，在加热或不加热的条件下压制而成的。层数一般为奇数，少数也有偶数。纵横方向的物理、机械性质差异较小。胶合板能提高木材利用率，是节约木材的一个主要途径。胶合板是装饰工程中使用最频繁、数量很大的板材，既可以做饰面板的基材，又可以直接用于装饰面板，能获得天然木材的质感，如图 7.1 所示。

图 7.1 胶合板

胶合板的主要特点：板材幅面大，易于加工；板材的纵向和横向的抗拉强度和抗剪强度均匀，适应性强；板面平整，吸湿变形小，避免了木材开裂、翘曲等缺陷；板材厚度可按需要加工，木材利用率较高。

胶合板的层数应为奇数，如图 7.2 所示。按胶合板的层数，可以分为三夹板、五夹板、七夹板、九夹板，其中最常用的是三夹板和五夹板。胶合板的厚度为 2.7、3.0，3.5、4.0、5.0、5.5、6.0…(mm)，自 6mm 起按 1mm 递增。厚度小于等于 4mm 为薄胶合板，胶合板的幅面尺寸见表 7-1。

图 7.2　胶合板(层数为奇数)

表 7-1　普通胶合板的幅面尺寸　　　　　　　　　　　　单位：mm

宽　　度	长　　度				
	915	1220	1830	2135	2440
915	915	1220	1830	2135	—
1220	—	1220	1830	2135	2440

　　胶合板在室内装饰中可用作天棚面、墙面、墙裙面、造型面，也可用作家具的侧板、门板、顶板、底板、脊板以及用厚夹板制成板式家具；胶合板面上可油漆成各种类型的漆面，可裱贴各种墙纸、墙布，可黏贴各种塑料装饰板，可进行涂料的喷涂处理。胶合板特等品主要用于高级建筑装饰、高级家具及其他特殊需要的制品。一等品适用于较高级建筑装饰、中高级家具、各种电器外壳等制品，如图 7.3 所示。

图 7.3　胶合板的应用(凯悦酒店)

2. 细木工板

1) 细木工板的尺寸规格、技术性能

细木工板属于特种胶合板的一种，芯板用木板拼接而成，两面胶粘一层或二层单板。细木工板按结构不同，可分为芯板条不胶拼的和芯板条胶拼的两种；按表面加工状况可分为一面砂光、两面砂光和不砂光 3 种；按所使用的胶合剂不同，可分为Ⅰ类胶细木工板、Ⅱ类胶细木工板两种；按面板的材质和加工工艺质量不同，可分为一、二、三 3 个等级，如图 7.4 所示。

图 7.4　细木工板

细木工板的尺寸规格和技术性能见表 7-2。

表 7-2　细木工板的尺寸规格、技术性能

长度/mm						宽度/mm	厚度/mm	技术性能
915	1220	1520	1830	2135	2440			
915	—	—	1830	2135	—	915	16	含水率：10%±3%
							19	静曲强度/MPa
								厚度为 16mm，不低于
—	1220	—	1830	2135	2440	1220	22	15mm；
							25	厚度<16mm，不低于 12mm；
								胶层剪切强度不低于 1MPa

2) 细木工板的主要特点

(1) 细木工板握螺钉力好，强度高，具有质坚、吸声、绝热等特点，而且含水率不高，在 10%～13% 之间，加工简便，用途最为广泛。

(2) 具有轻质、防虫、不腐等优点。

(3) 采用两次砂光，两次成形的先进生产工艺，使表面平整光滑、表里如一。

3) 细木工板使用范围

细木工板适用于家具、门窗及套、隔断、假墙、暖气罩、窗帘盒等，如图 7.5 所示(效果图见彩插第 7 页)。

4) 细木工板的养护

(1) 细木工板因其表面较薄，因此严禁硬物或钝器撞击。

(2) 防油污或化学物质长期接触，腐蚀表面。

(3) 保持通风良好，防潮湿、防日晒。

(4) 购买的细木工板条在使用时，应在其上横垫 3 根以上木方条，高度在 5cm 以上，把细木工板平放其上，防止变形、翘曲。

图 7.5　凯悦酒店(餐厅)

7.1.2　纤维板

纤维板是以植物纤维为原料，经过纤维分离、施胶、干燥、铺装成型、热压、锯边和检验等工序制成的板材，是人造板主导产品之一，如图 7.6 所示。

纤维板的原料非常丰富，如木材采伐加工剩余物(板皮、刨花、树枝等)、稻草、麦秸、玉米杆、竹材等。

图 7.6　纤维板

纤维板按体积密度分为硬质纤维板(体积密度>800kg/m³)、中密度纤维板(体积密度为500～800kg/m³)和软质纤维板(体积密度<500kg/m³) 3 种；按表面分为一面光板和两面光板两种；按原料分为木材纤维板和非木材纤维板两种，如图 7.7 和图 7.8 所示。

图 7.7　纤维板(软质)

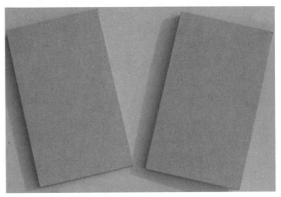

图 7.8　纤维板(中密度)

7.1.3　木质人造板

木质人造板是利用木材及其他植物原料，用机械方法将其分解成不同单元，经干燥、施胶、铺装、预压、热压、锯边、砂光等一系列工序加工而成的板材。迄今为止，木质人造板仍然是家具和室内装修中使用最多的材料之一，如图 7.9 所示，主要品种如下。

图 7.9　凯悦酒店(客房)

1) 竹胶合板

竹胶合板是利用竹材加工余料——竹黄篾，经过中黄起篾、内黄帘吊、经纬纺织、席穴交错、高温高压(130℃，3～4MPa)、热固胶合等工艺层压而成的。其硬度为普通木材的100 倍，抗拉强度是木材的 1.5～2.0 倍。具有防水防潮、防腐防碱等特点。常用规格为：1800mm×960mm，1950mm×950mm，2000mm×1000mm，厚度(mm)为：2.5、3.5、4.5、5、6、8.5、13，如图 7.10 所示。

图 7.10　竹胶合板

2) 刨花板

刨花板亦称碎料板,是将木材加工剩余物、小径木、木屑等,经切碎、筛选后拌入胶料、硬化剂、防水剂等热压而成的一种人造板材。按密度可分为低密度($0.25\sim0.45g/cm^3$)、中密度($0.55\sim0.70g/cm^3$)和高密度($0.75\sim1.3g/cm^3$)3 种。刨花板中因木屑、木片、木块结合疏松,故不宜用钉子钉,否则钉子易松动。通常情况下,刨花板用木螺钉或小螺栓固定。刨花板尺寸规格厚度为 1.6~75mm,以 19mm 为标准厚度,常用厚度为 13mm、16mm、19mm 3 种。

3) 木丝板

木丝板也叫万利板或木丝水泥板,是利用木材的下脚料、用机器刨成木丝,经过化学溶液的浸透,然后拌和水泥,入模成型加压、热蒸、凝固、干燥而成的。主要用作天花板、门板基材、家具装饰侧板、石棉瓦底材、屋顶板用材、广告或浮雕底版。尺寸规格为长度:1800~3600mm,宽度:600~1200mm,厚度(mm):4、6、8、10、12、16、20 等,自 12mm 起,按每 4mm 递增。主要优点及特性:防火性高,本身不燃烧;质量轻,施工时不至因荷重产生危险;具隔热效果;具吸声、隔声效果;表面可任意粉刷、喷漆和调配色彩;不易变质腐烂,耐虫蛀;韧性强,施工简单,如图 7.11 所示。

图 7.11　木丝板

4) 蜂巢板

蜂巢板是以蜂巢芯板为内芯板,表面再用两块较薄的面板,牢固地粘结在芯材两面而成的板材。常用的面板为浸渍过树脂的牛皮纸、纤维板、石膏板。蜂巢板抗压力强,破坏压力为 $720kg/m^2$,导热性低,抗震性好,不变形,质轻,有隔声效果。表面可作防火处理而成防火隔热材。主要用途为装修基层、活动隔声及厕所隔间、天花板、组合式家具。蜂巢板施工时应特别注意收边处理及表面选材，若处理不当，会失去价值感，如图 7.12 所示。

图 7.12　蜂巢板

5) 秸秆颗粒板材

秸秆颗粒板材具有强度高、幅面大、防火、防潮、防水性好等特点。秸秆颗粒板材是以一年生的农业废弃物麦秸为原料生产的定向结构板，不含甲醛，绿色环保。秸秆颗粒板材性能稳定，应用范围广阔，适用于木结构房屋、集装箱底板、出口设备包装箱、水泥磨板等，如图 7.13 所示。

图 7.13　秸秆颗粒板

7.2 装 饰 薄 木

装饰薄木是木材经一定的处理或加工后再经精密刨切或旋切、厚度一般小于 0.8mm 的表面装饰材料。它的特点是具有天然的纹理或仿天然纹理,格调自然大方,可方便地剪切和拼花。装饰薄木有很好的黏结性质,可以在大多数材料上进行黏贴装饰,是家具、墙地面、门窗、人造板、广告牌等效果极佳的装饰材料,如图 7.13 所示。

图 7.14　装饰薄木

7.2.1　装饰薄木的种类和结构

装饰薄木有几种分类方法。按厚度分可分为普通薄木和微薄木,前者厚度在 0.5～0.8mm,后者厚度小于 0.8mm。按制造方法分可分为旋切薄木、半圆旋切薄木、刨切刨木。按花纹分可分为径向薄木、弦向薄木。最常见的是按结构形式分类,分为天然薄木、集成薄木和人造薄木。

1. 天然薄木

天然薄木是以各种天然优质材种为原料,经旋切或刨切加工成厚度为 0.2～1.0mm 的卷状薄片木材,它呈现出各种珍贵木材纹理花饰,木纹清晰,色泽逼真,黏贴在普通木材或人造基材表面,取得高雅自然豪华的装饰效果。此外,它对木材的材质要求高,往往是名贵木材。因此,天然薄木的市场价格一般高于其他两种薄木,如图 7.15 所示。

2. 集成薄木

集成薄木是将一定花纹要求的木材先加工成规格几何体,然后将这些几何体需要胶合的表面涂胶,按设计要求组合,胶结成集成木方,集成木方再刨切成集成薄木。集成薄木对木材的质地有一定要求，图案的花色很多，色泽与花纹的变化依赖天然木材，自然真实。大多用于家具部件、木门等局部的装饰，一般幅面不大，但制作精细，图案比较复杂，如图 7.16 所示。

3. 人造薄木

人造薄木采用毛白杨、山杨等速生软阔叶材种，经旋切成片，整理染色胶合成胚料，然后再刨切成薄片。它比天然薄片更具有丰富色彩和新颖的纹理花饰，如软木薄片贴于护壁有特殊的美感。

图 7.15　天然薄木　　　　　　　　图 7.16　集成薄木应用(凯悦酒店)

7.2.2　装饰薄木的树种

制造薄木的树种很多，木射线粗大或密集，能在径切面或弦切面形成美丽木纹的树种。木材要易于进行切削、胶合和涂饰等加工，阔叶材的导管直径不宜太大，否则制成的薄木容易破碎，胶粘时易于透胶。天然薄木对树种的花纹、色泽、缺陷等要求较高，人造薄木的树种要求则相对较低。

1. 天然薄木的树种

我国常用天然薄木的国产树种有：水曲柳、楸木、黄波罗、桦木、酸枣、花梨木、槁木、梭罗、麻栎、榉木、椿木、樟木、龙楠、梓木等。进口材有：柚木、榉木、桃花芯木、花梨木、红木、伊迪南、酸枝木、栓木、白芫、沙比利、枫木、白橡等。我国常用天然薄木树种的材色和花纹介绍如下。

(1) 水曲柳：环孔材，心材黄褐色至灰黄褐色，边材狭窄，黄白至浅黄褐色，具光泽，弦面具有生长轮形成的倒"V"形或山水状花纹，径面呈平行条纹，偶有波状纹，类似牡羊卷角状纹理。

(2) 酸枣：环孔材，心材浅肉红色至红褐色，边材黄褐色略灰，有光泽；弦面具有生长轮形成的倒"V"形或山水状花纹，径面则呈平行条纹；材色较水曲柳美观，花纹相类似。

(3) 拟赤杨：散孔材，材色浅，调和一致，较美观；材色浅黄褐色或浅红褐色略白，具光泽；由生长轮引起的花纹略见或不明显。

(4) 红豆杉：材色鲜明，心材色深，红褐至紫红褐或桔红褐色略黄，边材黄白或乳黄色，狭窄，具明显光泽，无特殊气味或滋味；生长轮常不规则，具伪年轮，旋切板板面由生长轮形成的倒"V"形或山水状花纹较美观。

(5) 桦木：材色均匀淡雅，径面花纹好，材色黄白色至淡黄褐色，具有光泽；生长轮明显，常介以浅色薄壁组织带，射线宽，各个切面均易见；径面常由射线形成明显的片状或块状斑纹，即银光花纹，旋切板由生长轮引起的花纹亦可见。

(6) 樟木：木材浅黄褐至浅黄褐色略红或略灰，紫樟、阴香樟、卵叶樟等为浅红褐至红褐，光泽明显，尤其径面，新伐材常具明显樟木香气；花纹主要由生长轮引起，呈倒"V"形，仅卵叶樟具有由交错纹理引起的带状花纹。

(7) 黄波罗：东北珍贵树种之一；花纹美观，材色深沉，心材深栗褐色或褐色略带微绿或灰，边材黄白色至浅黄色略灰；花纹主要由生长轮形成，弦面上呈倒"V"形花纹，径面上则呈平行条纹。

(8) 麻栎：材色花纹甚美，心材栗黄褐色至暗黄褐或略具微绿色，久露大气则转深，有美丽的绢丝光泽；花纹主要因纹理交错，在径面形成有深浅色相间的带状花纹，偶尔因扭转纹或波状纹形成的琴背花纹；弦面具有倒"V"形花纹。

2. 人造薄木的树种

人造薄木的树种要求较低，具备以下条件的树种均可作为人造薄木的树种：

(1) 纹理通直，质地均匀，易于切削，胶合性能好；

(2) 颜色较浅，易于染色和涂饰；

(3) 生长迅速，来源广泛，价格低廉。

生长迅速的杨木、桦木、松木、柏木等均可作为人造薄木树种。

7.2.3 装饰薄木的应用

天然薄木和人造薄木目前大量用作刨花板、中密度纤维板、胶合板等人造板材的贴面材料，也用于家具部件、门窗、楼梯扶手、柱、墙地面等的现场饰面和封边。后者的应用往往要将薄木进行剪切和拼花，是家具和室内常见的装饰手法。集成薄木实际上是一种工业化的薄木拼花，设计考究，制作精细，一般幅面不大。主要用于桌面、坐椅、门窗、墙面、吊顶等的局部装饰，如图 7.17 所示(效果图见彩插第 7 页)。

图 7.17　长城饭店

7.3　装饰人造板

装饰人造板是通过加工技术或高科技手段，对人造板进行改造和深加工，将天然美观的木质装饰材料和模拟花纹图案真实性强的装饰材料胶贴在人造板表面，制造出美观、大方、图案新颖、色调和谐的装饰板，使其表面具有耐热、耐水、耐磨等特性，起到了装饰覆盖保护层的作用，既提高了人造板内在的物理力学性能，又提高了人造板的使用价值，为家具制造、室内装饰及车船内部装修等提供了多品种多功能良好的装饰材料。装饰人造板种类极多，限于篇幅，仅对常见的一些作简单介绍。

1. 薄木贴面装饰人造板

薄木贴面是一种高级装饰，它由天然纹理的木材制成各种图案的薄木与人造板基材胶贴而成，装饰自然而真实，美观而华丽。人造板表面用木纹美丽的薄木进行贴面装饰后，可大大提高其使用价值。薄木贴面人造板常用于高级家具的制造，高级建筑物室内壁面的装饰。薄木贴面装饰板的贴面工艺有湿贴与干贴两种，20 世纪 80 年代大多采用干贴工艺，

90 年代后期则大多采用湿贴工艺。贴面工艺比较简单，经涂胶后的薄木与基材组坯后经热压或冷压即成为装饰板材。

2. 保丽板和华丽板

保丽板和华丽板实际上是一种装饰纸贴面人造板。保丽板系胶合板基层贴以特种花纹纸面涂敷不饱和树脂后，表面再压合一层塑料薄膜保护层。保护层为白色、米黄色等各种有色花纹。常用规格有 1800mm×915mm，2440mm×1220mm；厚度 6mm、8mm、10mm、12mm 等。华丽板又称印花板，是将已涂有氨基树脂的花色装饰纸贴于胶合板基材上，或先将花色装饰纸贴于胶合板上再涂敷氨基树脂，如图 7.18 所示(效果图见彩插第 7 页)。这两种板材曾是 20 世纪 80 年代流行的装饰材料，近些年虽在大、中城市用量大减，但在县城和部分地区仍有一定市场。该板材表面光亮，色泽绚丽，花色繁多，耐酸防潮，不足之处是表面不耐磨。

3. 镁铝合金贴面装饰板

镁铝合金贴面装饰板以硬质纤维板或胶合板作基材，表面胶贴各种花色的镁铝合金薄板(厚度 0.12～0.2mm)。该板材可弯、可剪、可卷、可刨，加工性能好，可凹凸面转角，圆柱可平贴，施工方便，经久耐用，不褪色，用于室内装饰，能获得美丽、豪华、高雅的装饰效果，如图 7.19 所示。

图 7.18　华丽板

4. 树脂浸渍纸贴面装饰板

树脂浸渍纸贴面装饰板是将装饰纸及其他辅助纸张经树脂浸渍后直接贴于基材上，经热压贴合而成装饰板，称作树脂浸渍纸贴面板。浸渍树脂有三聚氰胺、酚醛树脂、邻苯二甲酸二丙烯酯、聚酯树脂、鸟粪胺树脂等。塑料装饰板、树脂浸渍纸贴面装饰板木纹逼真，色泽鲜艳，耐磨、耐热、耐水、耐冲击、耐腐蚀，广泛用于建筑、车船、家具的装饰中，如图 7.20 所示。

图 7.19　凯悦酒店一

图 7.20　凯悦酒店二

7.4　金属装饰板

7.4.1　铝合金装饰板

铝合金装饰板属于现代较为流行的建筑装饰板材，具有质量轻、不燃烧、耐久性好、施工方便、装饰效果好等优点，适用于公共建筑室内外墙面和柱面的装饰，如图 7.21 所示（效果图见彩插第 7 页）。当前的产品规格有开放式、封闭式、波浪式、重叠式条板和藻井式、内圆式、龟板式块状吊顶板。颜色有本色、金黄色、古铜色、茶色等。表面处理方法有烤漆和阳极氧化等形式。近年来在装饰工程中用得较多的铝合板材有以下几种。

1. 铝合金花纹板及浅花纹板

铝合金花纹板是采用防锈铝合金坯料，用特殊的花纹轧辊轧制而成的。花纹美观大方，突筋高度适中，不易磨损，防滑性好，防腐蚀性能强，便于冲洗，通过表面处理可以得到各种不同的颜色。花纹板板材平整，裁剪尺寸精确，便于安装，广泛应用于现代建筑的墙面装饰及楼梯、踏板等处。

图 7.21　贵阳喜来登酒店(走廊)

　　铝合金浅花纹板是优良的建筑装饰材料之一。其花纹精巧别致，色泽美观大方，同普通铝合金相比，刚度高出 20%，抗污垢、抗划伤、抗擦伤能力均有所提高，是我国特有的建筑装饰产品。铝合金浅花纹板对白光反射率达 75%～90%，热反射率达 85%～95%，在氨、硫、硫酸、磷酸、亚硝酸、浓硝酸、浓醋酸中耐腐蚀性良好，通过电解、电泳除漆等表面处理，可以得到不同色彩的浅花纹板，如图 7.22 所示(效果图见彩插第 7 页)。

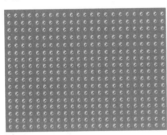

图 7.22　铝合金花纹板

　　2. 铝合金压型板

　　铝合金压型板重量轻、外形美、耐腐蚀、经久耐用、安装容易、施工速度快，经表面处理可得到各种优美的色彩，是现代广泛应用的一种新型建筑装饰材料，主要用作墙面和屋面。铝合金压型板的断面形状和尺寸：板厚一般为 0.5～1.0mm。

3. 铝合金穿孔板

铝合金穿孔板是用各种铝合金平板经机械穿孔而成的。孔形根据需要有圆孔、方孔、长圆孔、长方孔、三角孔、大小组合孔等，这是近年来开发的一种降低噪声并兼有装饰效果的新产品。铝合金穿孔板材质轻、耐高温、耐高压、耐腐蚀、防火、防潮、防震、化学稳定性好、造型美观、色泽幽雅、立体感强。常用于宾馆大堂，机场候机厅，地铁车站，商场，展览大厅，计算机房等建筑改善音质条件，也可用于各类车间厂房、机房、人防地下室等作为降噪材料，如图 7.23 所示。

图 7.23　铝合金穿孔板应用(天津人力资源开发服务中心)

7.4.2　不锈钢装饰板

不锈钢是一种特殊用途的钢材，它具有优异的耐腐性、优越的成型性以及赏心悦目的外表。

不锈钢装饰板根据表面的光泽程度，反光率大小，又分为镜面不锈钢板、亚光不锈钢板和浮雕不锈钢板 3 种类型。

1. 镜面不锈钢板

镜面不锈钢板光亮如镜，其反射率、变形率均与高级镜面相似，与玻璃镜有不同的装饰效果，该板耐火、耐潮、耐腐蚀，不会变形和破碎，安装施工方便。主要用于高级宾馆、饭店、舞厅、会议厅、展览馆、影剧院的墙面、柱面、造型面以及门面、门厅的装饰。

镜面不锈钢板有普通镜面不锈钢板和彩色镜面不锈钢板两种，彩色不锈钢板是在普通不锈钢板上进行技术和艺术加工，成为各种色彩绚丽的不锈钢板。常用颜色有蓝、灰、紫、红、青、绿、金黄、茶色等，如图 7.24 所示(效果图见彩插第 7 页)。

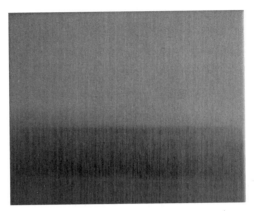

图 7.24　镜面不锈钢板(黑)

常用镜面不锈钢规格有：1220mm×2440mm×0.8mm、1220mm×2440mm×1.0mm，1220mm×2440mm×1.2mm、1220mm×2440mm×1.5mm 等。

2. 亚光不锈钢板

不锈钢板表面反光率在 50%以下者称为亚光板，其光线柔和，不刺眼，在室内装饰中有一种很柔和的艺术效果。亚光不锈钢板根据反射率不同，又分为多种级别。通常使用的钢板，反光率为 24%～28%，最低的反射率为 8%，比墙面壁纸反射率略高一点，如图 7.25所示。

图 7.25　亚光不锈钢板

3. 浮雕不锈钢板

浮雕不锈钢板表面不仅具有光泽，而且还有立体感的浮雕装饰。它是经辊压、特研特磨、腐蚀或雕刻而成的。一般腐蚀雕刻深度为 0.015～0.5mm，钢板在腐蚀暗面雕刻前，必须先经过正常研磨和抛光，比较费工，所以价格也比较高。

由于不锈钢的高反射性及金属质地的强烈时代感，不锈钢板与周围环境中的各种色彩、景物交相辉映，对空间效应起到了强化、点缀和烘托的作用。

不锈钢装饰，是近几年来较流行的一种建筑装饰方法，它已经从高档宾馆、大型百货商场、银行、证券公司、营业厅等高档场所的装饰，走向了中小型商店、娱乐场所的普通装饰中，从以前的柱面、橱窗、边框的装饰走向了更为细部的装饰，如大理石墙面、木装修墙面的分隔、灯箱的边框装饰等，如图 7.26 所示。

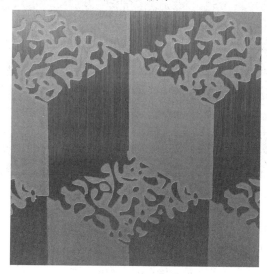

图 7.26　浮雕不锈钢板

7.4.3　铝塑板

现代都市，从店面装饰到摩天大楼，俯仰之间都能看到一种新型的金属饰面板——铝塑板(又称塑铝板)，如图 7.27 所示。

1. 铝塑板通性

铝塑板重量轻、可比强度高、隔声防火、易加工成型、安装方便。

2. 铝塑板分类

(1) 按涂层分：聚酯、聚酰胺、氟碳。

(2) 按常规铝厚分：0.12mm，0.15mm，0.21mm，0.4mm，0.5mm(可按客户要求生产各种铝厚)。

(3) 按常规产品厚度：1mm，3mm，4mm(可按客户要求生产各种厚度)。

图 7.27　凯悦酒店(大楼)

(4) 按用途分：内墙板、外墙板及装饰板。

铝塑板由面板、核心、底板 3 部分组成，面板是 0.2mm 铝片上以聚酯作面板涂层，双重涂层结构(底漆+面漆)经烤程序而成，核心是 2.6mm 无毒低密度聚乙烯材料，底板同样是涂透明保护光漆的 0.2mm 铝片，通过对芯材进行特殊工艺处理的铝塑板可达到 B1 级难燃材料等级。

常用的铝塑板分为外墙板和内墙板两种，内墙板是现代新型轻质防火装饰材料，具有色彩多样，重量轻，易加工，施工简便，耐污染，易清洗，耐腐蚀，耐粉化，耐衰变，色泽保持长久，保养容易等优异的性能，如图 7.28 所示。而外墙板则比内墙板在弯曲强度、耐温差性导热系数、隔声等物理特性上有着更高要求，氟碳面漆铝塑板因其极佳的耐候性及耐腐蚀性，能长期抵御紫外光、风、雨、工业废气、酸雨及化学药品的侵蚀，并能长期保持不变色、不褪色、不剥落、不爆裂、不粉化等特性，故大量地使用在室外，如图 7.29 所示。

铝塑板适用范围为高档室内及店面装修、大楼外墙帷幕墙板、天花板及隔间、电梯、阳台、包柱、柜台、广告招牌等，如图 7.30 所示。

图 7.28　铝塑板内用

图 7.29　铝塑板外用

图 7.30　铝塑板应用

7.4.4　彩色涂层钢板

　　彩色涂层钢板是指将有机涂料涂敷于钢板表面而获得的产品，有机涂料可以配制成各种不同的色彩和花纹，故其钢板通常称为彩色涂层钢板。彩色涂层钢板产品的出现，最早可以追溯到 1927 年美国的涂层薄板。我国于 20 世纪 60 年代初开始彩板方面的研制开发工作，并于 1986 年在鞍钢建立了年产能力一万吨的工业试验机组，之后武钢、宝钢等从美国、英国引进的彩板线也先后于 1988 年和 1989 年投产。到目前为止，我国已建成的彩板线已具有年产 890 万吨的能力。

彩色涂层钢板产品不但具有良好的防腐蚀性能和装饰性能，还具有良好的成型性能与加工性能，所以产品被广泛应用于建筑、交通运输、容器、家具、电器等各个行业，如图7.31所示(效果图见彩插第7页)。

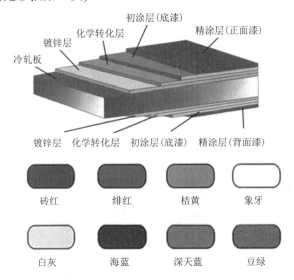

图 7.31　彩色涂层钢板结构

彩色涂层钢板的原板通常为热轧钢板和镀锌钢板，最常用的有机涂料为聚氯乙烯，此外还有聚丙烯酸酯、环氧树脂、醇酸树脂等。涂层与钢板的结合采用薄膜层压法和涂料涂敷法两种。

根据结构不同，彩色涂层钢板大致可分为以下几种。

1. 一般涂层钢板

用镀锌钢板作为基底，在其正面背面都进行涂层，以保证其耐腐蚀性能。正面第一层为底漆，通常为环氧底漆，因为它与金属的附着力强。背面也涂有环氧树脂或丙烯酸树脂。第二层(面层)过去用醇酸树脂，现在一般用聚酯类涂料或丙烯酸树脂涂料。

2. PVC 钢板

有两种类型的 PVC 钢板：一种是用涂布 PVC 糊的方法生产的，称为涂布 PVC 钢板；一种是将已成型的印花或压花 PVC 膜贴在钢板上，称为贴膜 PVC 钢板。无论是涂布还是贴膜，其表面 PVC 层均较厚。PVC 层是热塑性的，表面可以热加工，如压花使表面质感丰富。它具有柔性，因此可以进行二次加工，如弯曲等，其耐腐蚀性能也比较好。PVC 表面层的缺点是容易老化。为改善这一缺点，现已生产出一种在 PVC 表面再复合丙烯酸树脂的新的复合型 PVC 钢板。

3. 隔热涂层钢板

在彩色涂层钢板的背面贴上 15～17mm 的聚苯乙烯泡沫塑料或硬质聚氨酯泡沫塑料，用以提高涂层钢板的隔热、隔声性能。

4. 高耐久性涂层钢板

由于氟塑料和丙烯酸树脂有耐老化性能好的特点，用其在钢板表面涂层，能使钢板的耐久性、耐腐蚀性能提高。

7.4.5 镁铝曲面装饰板

镁铝曲板是以优质酚醛纤维板、镁铝合金箔板、底层纸为原料，经砂光、黏结和电热烘干、刻沟、涂沟而成的一种建筑装饰材料，可制成金、银、绿、古铜等多种颜色，又称镁铝曲面装饰板。具有耐热、耐磨、防水、外形美观、耐污、耐水、耐光、可刨、可钉、可变、可剪、可卷、凹凸转角、平贴立粘、施工方便、容易保养等特点。适用于建筑物内隔间、天花板、门框、包柱、柜台、店面、广告招牌、各种家具贴面的装潢与装修。

1. 镁铝曲板的特点

镁铝曲板能够沿纵向卷曲，还可用墙纸刀分条切割，安装施工方便，可粘贴在弧面上。该板平直光亮，有金属的光泽，并有立体感，可锯、可钉、可钻，但表面易被硬物划伤，施工时应注意保护。

2. 镁铝曲板的用途

镁铝曲板广泛用于室内装饰的墙面、柱面、造型面以及各种商场、饭店的门面装饰。因该板可分条切开使用，故可当装饰条、压边条来使用。

3. 镁铝曲板的品种和规格

镁铝曲板从色彩上分有古铜、青铜、青铝、银白、金色、绿色、乳白等；从曲板的条宽上分有宽条(25mm)、中宽条(15～20mm)、细条(10～15mm)。镁铝曲板的规格均为1220mm×2440mm，厚度为3.5mm。

7.5 合成装饰板

7.5.1 千思板

千思板是一种把酚醛树脂浸渗于牛皮纸或者木纤维里，在高温高压中进行硬化的热固性酚醛树脂板。由于其结构均匀、致密，故板上任何点都很坚固。致密的材料表面使灰尘不易粘附，使其清洁更为容易。千思板具有极好的耐火特性，它不会融化、滴落或爆炸，并能长时间保持稳定。用于加工硬木的标准工具可以用来满足各种加工需求，如切割、钻孔和铣切，如图 7.32 和图 7.33 所示。

图 7.32　千思板

图 7.33　千思板细部

1. 千思板的特点

(1) 抗撞击：它的表面采用固体均匀核心加上特殊树脂的面板，具有极强的抗撞击性。

(2) 易清洗：表面紧密，无渗透，使灰尘不易黏附于其上；用溶剂清洗方便，对颜色不会产生任何影响。

(3) 防潮湿：它的核心使用特殊的热固性树脂，因此不会受天气变化和潮气的影响，也不会腐蚀或产生霉菌；稳定性及耐用性可与硬木相媲美。

(4) 抗紫外线：它防紫外线性能和面板颜色的稳定性能都达到国际标准。

(5) 防火性：它表面对燃烧的香烟有极强的防护能力；阻燃，面板不会融化、滴下或爆炸，能长期保持特性；在中国，千思板经国家防火材料检验中心测试，其燃烧性能为 GB 8624—BI 级。

(6) 耐化学腐蚀：它具有很强的耐化学腐蚀特性，如防酸、防氧化甲苯及类似物质；

也同样能防止消毒剂、化学清洁剂及食物果汁、染料的侵蚀。

2. 千思板的种类及用途

1) 千思板 M(外用)

千思板 M 是由热固性树脂与木纤维混合，使用独特技术经高温高压加工而成的板材，具有坚固耐用、外表美观的特点。

它的规格主要有 3650mm×1680mm，3050mm×1530mm，2550mm×1860mm 3 种，厚度有 6mm，8mm，10mm，13mm 4 种。千思板 M 具有优异的抗紫外线性能及颜色附着性，特别适用于大楼外墙、广告牌、阳台栏板等室外装修，如图 7.34 所示。

图 7.34　千思板外用(永正裁缝店)

2) 千思板 A(内用)

千思板 A 是表面粘贴三聚氰氨树脂的装饰板层。有石英表面和水晶亚光表面两种。主要规格为 3050mm×1530mm，2550mm×1860mm，石英表面厚度有 6mm，8mm，10mm，13mm 4 种，水晶亚光表面厚度有 6mm，13mm，16mm，20mm 4 种。内用千思板 A 具有的耐刻划及抗撞击的性能，使其特别适用于人行通道，电梯厅，电话间等；它具有的耐磨及易清洗的特点使其特别适用于家具桌面、橱柜面板、接待柜台等，如图 7.35 所示；它具有的防潮特点，使其特别适用于盥洗室的洗脸盆面板、隔断及其他湿度较大处如地铁车站等。

图 7.35　千思板内用(卡夫食品前台)

3) 千思板 T

千思板 T 具有的防静电特点，使其特别适用于计算机房内墙面装修，各种化学、物理或生物实验室及对面板、台板要求很高的场所。

它的表面是水晶亚光表面，主要规格有 3050mm×1530mm，厚度有 13mm，16mm，20mm，25mm 4 种。

千思板优良的性能及装饰效果，加工、安装容易，维护费用低，使用寿命长，符合环保要求等特点，使其成为室内、外装饰的理想材料。

7.5.2　有机玻璃板

有机玻璃是一种具有极好透光率的热塑性塑料，它是以甲基丙烯酸甲酯为主要原料，加入引发剂、增塑剂等聚合而成的，如图 7.36 所示(效果图见彩插第 7 页)。

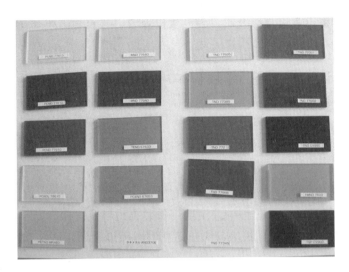

图 7.36　有机玻璃

　　有机玻璃具有高度透明性，透光率可达到 92%，比玻璃的透光度还高。能透过紫外线。普通玻璃只能透过 0.6%的紫外线，但有机玻璃却能透过 73%。机械强度较高；耐热性、抗寒性及耐气性较好；耐腐蚀性及绝缘性能良好；重量轻；易于加工。有机玻璃在建筑上主要用作室内高级装饰材料，如扶手的护板、大型灯具罩以及室内隔断等，如图 7.37 所示。

图 7.37　凯悦酒店

有机玻璃分为无色透明有机玻璃、有色有机玻璃、珠光有机玻璃等。

1. 无色透明有机玻璃

无色透明有机玻璃是以甲基丙烯酸甲酯为原料，在特定的硅玻璃模或金属模内浇铸聚合而成的。无色透明有机玻璃在建筑工程上主要用作门窗玻璃、指示灯罩及装饰灯罩等，如图7.38所示。

2. 有色有机玻璃

有色有机玻璃是在甲基丙烯酸甲酯单体中，配以各种颜料经浇铸聚合而成的。有色有机玻璃又分透明有色、半透明有色、不透明有色三大类。

有色有机玻璃在建筑装饰工程中，主要用作装饰材料及宣传牌。

有色有机玻璃的化学、物理性能与无色透明有机玻璃相同，如图7.39所示(效果图见彩插第7页)。

图7.38　无色透明有机玻璃　　　　图7.39　有色有机玻璃

3. 珠光有机玻璃

珠光有机玻璃是在甲基丙烯酸甲酯单体中，加入合成鱼鳞粉并配以各种颜料经浇铸聚合而成的。

珠光有机玻璃，在建筑工程中主要用作装饰材料及宣传牌。

珠光有机玻璃的化学、物理性能与无色透明有机玻璃相同。

7.5.3　防火板

防火板是采用硅质材料或钙质材料为主要原料，与一定比例的纤维材料、轻质骨料、黏合剂和化学添加剂相混合，经蒸压技术制成的装饰板材。装饰防火板分无机和有机两种，无机防火板由水玻璃、珍珠岩粉和一定比例的填充剂混合后压制成型，可按用户要求加工成特殊规格和用胶合板、橡胶、塑料、紫铜皮、铅皮等贴面。

防火板具有防火、防尘、耐磨、耐酸碱、耐撞击、防水、易保养等特点。不同品质的防火板价格相差很多。其可分为光面板、雾面板、壁片面板、小皮面板、大皮面板、石皮板。而表面花纹有素面型、壁布型、皮质面、钻石面、木纹面、石材面、竹面、软木纹、特殊设计的图案或整幅画等。色彩有深有浅，有古典的也有现代的，有自然化的也有实用化的，有活泼色的也有深沉色的，若搭配合理，将十分美观漂亮，具有良好的装饰效果，如图 7.40 所示(效果图见彩插第 8 页)。

图 7.40　装饰防火板

1.　木纹颜色的光面和雾面胶板

木纹颜色的光面和雾面胶板适用于高级写字楼、客房、卧室内的各式家具的饰面及活动式工装配吊顶，显得华贵大方，而且经久耐用，如图 7.41 所示。

图 7.41　木纹颜色的光面胶板(凯悦酒店)

2. 皮革颜色的雾面和光面胶板

　　皮革颜色的雾面和光面胶板适用于装饰厨具、壁板、栏杆扶手等表层，易于清洁，又不会受虫蚁损坏。仿大理石花纹的雾面和光面胶板适用于铺贴室内墙面、活动地板、厅堂的柜台、墙裙、圆柱和方柱等表面，清雅美观，不易磨损，如图 7.42 所示。

图 7.42　皮革颜色的光面胶板(凯悦酒店)

3. 细格几何图案及各款条纹杂色的雾面和光面胶板

细格几何图案及各款条纹杂色的雾面和光面胶板适用于镶贴窗台板、踢脚板的表面以及防火门扇、壁板、计算机工作台等贴面，款式新颖，别具一格，如图 7.43 所示。

图 7.43　条纹的光面胶板(佳能有限公司办公区)

7.6　塑　料　饰　面

建筑装饰用塑料制品很多，最常用的有用在屋面、地面、墙面和顶棚的各种板材和块材、波形瓦、卷材、塑料薄膜和装饰部件等。

墙面装饰塑料主要包括塑料装饰板(又称塑料护墙板)和塑料贴面材料，具体分类如下。

7.6.1　塑料装饰板

塑料装饰板主要有 PVC 装饰板、塑料贴面板、有机玻璃装饰板、玻璃钢装饰板和塑料装饰线条等。

PVC 装饰板分为硬质板和软质板，硬质板适用于内、外墙面，软质板仅适用于内墙墙面。按形式分为波纹板、格子板和异形板。PVC 波纹板色彩鲜艳、表面平滑，同时又有透明和不透明两种，主要用于外墙装饰，特别适用于阳台栏杆和窗间墙，其鲜明的色彩和漂亮的波纹为建筑的立体美观、大方增色不少。PVC 格子板表面具有各种立体图案和造型，主要用于商业性建筑、文化体育类建筑的正立面。PVC 异型板是利用挤出成型的板材，分为单层异型和中空异型两类，其表面不仅具有各种颜色和图案，而且能起到隔热、隔声和保护墙体的作用，主要用于内墙装饰，其中中空异型板的刚度和保温、隔热性均优于单层异型板，如图 7.44 所示。

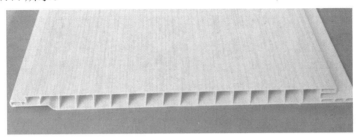

图 7.44　中空异型板

塑料贴面板的面层为三聚氰胺甲醛树脂浸渍过的具有不同色彩图案的特种印花纸，里层为用酚醛树脂浸渍过的牛皮纸，经干燥叠合热压而成的热固性树脂装饰层压板。按照用途可分为具有高耐磨性的平面类和耐磨性一般的立面类。这种贴面板颜色艳丽、图案优美、花样繁多，是护墙板、台面和家具理想的贴面材料，也可与陶瓷、大理石、各种合金装饰板、木质装饰材料搭配使用。

玻璃钢是玻璃纤维在树脂中浸渍、黏合、固化而成的。玻璃钢材料缠绕或模压成型着色处理后可制成浮雕式平面装饰板或波纹板、格子板等。玻璃钢轻质高强、刚度较大，制成的浮雕美观大方，可制成工艺品，作为装饰板材也具有独特的装饰效果。

塑料装饰线条主要是 PVC 钙塑线条，它质轻、防霉、阻燃、美观、经济、安装方便。主要为颜色不同的仿木线条，也可制成仿金属线条，作为踢脚线、收口线、压边线、墙腰线、柱间线等墙面装饰。

7.6.2　塑料墙纸

塑料墙纸以纸为基层，所用塑料绝大部分为聚氯乙烯，简称 PVC 塑料墙纸，经过复合、印花、压花等工序制成。塑料墙纸具有一定的伸缩性和耐裂强度；可制成各色图案及丰富多彩的凹凸花纹，富有质感及艺术感；施工简单，而且可以节约大量粉刷工作，因此可提高工效，缩短施工工期；易于粘贴，陈旧后也易于更换；表面不吸水，可用布擦洗，如图 7.45 所示。

1. 塑料墙纸的技术要求

(1) 装饰效果的主要项目：一般不允许有色差，折印，明显的污点。

(2) 色泽耐久性：将试样在老化试验机内经碳棒光照 20h 后不应有退色、变色现象。

(3) 耐摩擦性：用干白布在摩擦机上干摩 25 次，用湿白布湿摩 2 次，都不应有明显地掉色，即在白布上不应有沾色。

(4) 抗拉强度：纵向抗拉强度应达到 $6.0N/mm^2$，横向抗拉强度应达到 $5.0N/mm^2$。

(5) 剥离强度：一般来说，让纸与聚氯乙烯层剥离时，不产生分层为合格。

2. 常见的纸基塑料墙纸

常见的纸基塑料墙纸，如图 7.46 所示。

图 7.45　墙纸应用(凯悦酒店)　　　图 7.46　纸基塑料墙纸

普通墙纸是以每平方米 80 克的纸做基材，经印花、压花而成的。包括单色压花、印花压花、有光压花和平光压花等几种，是最普遍使用的墙纸。

发泡墙纸是以每平方米 100 克的纸做基材，经印花后再加热发泡而成的。这类墙纸有高发泡印花、低发泡印花和发泡印花压花等品种。高发泡墙纸是一种集装饰和吸声于一体的多功能墙纸。低发泡墙纸表面有同色彩的凹凸花纹图，有仿木纹、拼花、仿瓷砖等效果，图案逼真，立体感强，装饰效果好，适用于室内墙裙、客厅和楼内走廊等装饰。

特种墙纸是指具有特种功能的墙纸，包括耐水墙纸、防火墙纸、自粘型墙纸、特种面层墙纸和风景壁画型墙纸等。耐水墙纸采用玻璃纤维毡作为基材，适用于浴室、卫生间的墙面装饰，但是粘贴时应注意接缝处粘牢，否则水渗入可使胶粘剂溶解，从而导致耐水墙纸脱落。防火墙纸采用 $100\sim200g/m^2$ 石棉纸作为基材，同时面层的 PVC 中掺有阻燃剂，使该种墙纸具有很好的阻燃性,此外即使这种墙纸燃烧也不会放出浓烟和毒气。自粘型墙纸的后面有不干胶层,使用时撕掉保护纸便可直接贴于墙面。特种面层墙纸的面层采用金属、彩砂、丝绸、麻毛棉纤维等制成,可使墙面产生金属光泽、散射、珠光等艺术效果。风景壁画型墙纸的面层印刷成风景名胜或艺术壁画,常由几幅拼贴而成,适用于装饰厅堂墙面。

7.7 壁 纸

壁纸同其他装饰材料一样,随着世界经济文化的发展而不断发展变化着。不同时期壁纸的使用是当地经济发展水平、新型材料学、流行消费心理综合因素的体现,是室内装饰材料之一,如图 7.47 所示。最初的壁纸是在纸上绘制、印刷各种图案而成的。有一定的装饰效果,但也仅限于王室宫廷等高级场所做局部装饰使用。真正大面积随其他装饰材料走入居家生活,还是在 20 世纪 70 年代末 80 年代初。按其特点正确选择品种是改善室内环境的重要手段,归纳起来壁纸有以下优点。

图 7.47 壁纸

　　(1) 装饰效果强烈。壁纸的花色、图案种类繁多，选择余地大，装饰后效果富丽多彩，能使家居更加温馨、和谐。经过改良颜料配方，现在的壁纸已经解决了褪色问题。

　　(2) 应用范围较广。基层材料为水泥、木材，粉墙时都可使用，易于与室内装饰的色彩、风格保持和谐。

　　(3) 使用安全。壁纸具有一定的吸声、隔热、防霉、防菌功能，有较好的抗老化、防虫功能，无毒、无污染。

　　(4) 具有很强的装饰效果。不同款式的壁纸搭配往往可以营造出不同感觉的个性空间。无论是简约风格还是乡村风格，田园风格还是中式、西式、古典、现代风格，壁纸都能勾勒出全新的感觉，这是其他墙面材料做不到的。

　　(5) 铺装时间短，可以大大缩短工期。

　　(6) 具有防裂功能。现在的壁纸一般都是防火的，但各种壁纸的防火级别不同。民用壁纸防火要求不太高，用于宾馆的壁纸防火要求高，壁纸烧着后没有有毒气体产生，如图 7.48 和图 7.49 所示。

图 7.48　壁纸装饰墙 (长城饭店客房)

图 7.49　壁纸装饰墙(凯悦酒店会议厅)

7.8　装饰墙布

7.8.1　装饰墙布介绍

　　装饰墙布实际上是壁纸的另一种形式,在质感上比壁纸更胜一筹。墙布表层材料的基材多为天然物质,经过特殊处理的表面,其质地都较柔软舒适,而且纹理更加自然,色彩也更显柔和,极具艺术效果,给人一种温馨的感觉。有提花壁布、纱线壁布,还有无纺布壁布、浮雕壁布等。壁布不仅有着与壁纸一样的环保特性,而且更新也很简便,并具有更强的吸声、隔声性能,还可防火、防霉、防蛀,也非常耐擦洗。壁布本身的柔韧性、无毒、无味等特点,使其既适合铺装在人多热闹的客厅或餐厅,也适合铺装在儿童房或有老人的居室里,如图 7.50 所示。

　　亚麻墙布、丝质墙布、大花墙布、条纹墙布、羽毛花纹的墙布,不同质地、花纹、颜色相互组合成的花样百出的墙布装饰在不同的房间,与不同的家具相互搭配,就会给人带来不同的感受。墙布易施工,易更换的特性,让人们可以随心所欲地为房间的墙面更换新衣,既可以选择一种样式的壁布铺装以体现统一的装饰风格,也可以根据不同房间功能的特点选择款式各异的墙布,以体现各自精彩的缤纷绚烂,如图 7.51 所示。

图 7.50　墙布

图 7.51　墙布

7.8.2　棉纺墙布

棉纺墙布是用纯棉平布经过处理、印花，涂以耐磨树脂制作而成的，其特点是墙布强度大、静电小、无光、无味、无毒、吸声、花型色泽美观大方，可用于宾馆、饭店及其他公共建筑和较高级的民用建筑中的室内墙面装饰。棉纺装饰墙布还常用作窗帘，夏季采用薄型的淡色窗帘，无论是自然下垂或双开平拉成半弧形，均会给室内创造出清新和舒适的氛围，如图 7.52 所示。

图 7.52　棉纺墙布

7.8.3　无纺贴墙布

无纺贴墙布是采用棉、麻等天然纤维或涤纶、腈纶等合成纤维，经过无纺成型上树脂、印制彩色花纹而成的一种贴墙材料。特点是富弹性，不易折断老化，表面光洁而有毛绒感，不易褪色，耐磨、耐晒、耐湿，具有一定透气性，可擦洗，如图7.53所示。

图7.53　无纺贴墙布(凯悦酒店)

7.8.4　化纤墙布

化纤墙布是以化纤布为基布，经树脂整理后印制花纹图案，新颖美观，色彩调和，无毒无味，透气性好，不易褪色，只是不宜多擦洗；又因基布结构疏松，若墙面有污渍，会透露出来。

7.8.5　纺织纤维壁纸

1．纺织纤维壁纸

纺织纤维壁纸是一种近年来在国际上流行的新型墙饰材料，它由棉、毛、麻等天然纤维及化纤制成各种纱线或织物再与木浆基纸复合而成。它无害、无反光，吸声透气，调温，易于施工，有一定的调湿和防止墙面结露长霉的功效，它的视觉效果好，特别是天然纤维以它丰富的质感具有十分诱人的装饰效果。它顺应现代社会"崇尚自然"的心理潮流，多用于中高档建筑装修。

纺织纤维壁纸的规格、尺寸及施工工艺与一般壁纸相同。裱糊时先在壁纸背面用湿布稍揩一下再张贴，不用提前用水浸泡壁纸，接缝对花也比较简便，如图 7.54 所示。

图 7.54　凯悦酒店(客房)

2. 产品性能与标准

纺织纤维壁纸的性能要求与一般壁纸基本相同，但仍然有自己的特点，因此已制定了标准草案，规定的理化性能如下。

(1) 耐光色度不低于 4 级。

(2) 耐摩擦色牢度、干摩擦不低于 4 级，湿磨擦不低于 4 级。

(3) 不透明度不低于 90%。

(4) 湿润强度纵向不低于 4N/1.5cm，横向不低于 2N/1.5cm。

(5) 甲醛释放不高于 2mg/L。

此外，对用户有特殊要求的功能性壁纸产品，可进行阻燃性、耐硫化氢污染、耐水、防污、防霉及可洗性特殊性能试验。采用麻草、席草、龙须草等天然植物为原料，以手工或其他方式编织成各种图案的织物，再衬以底层材料制作的壁纸，有其特殊的装饰性。

7.8.6　平绒织物

平绒织物是一种毛织物，属于棉织物中较高档的产品。这种织物的表面被耸立的绒毛所覆盖，绒毛高度一般为 1.2mm 左右，形成平整的绒面，所以称为平绒。优良的平绒织物产品外观应达到绒毛丰满直立、平齐匀密、绒面光洁平整、色泽柔和、方向性小、手感柔软滑润、富有弹性等要求。

平绒织物具有以下特点：耐磨性较一般织物要高4～5倍；手感柔软且弹性好、光泽柔和，表面不易起皱；布身厚实，且表面绒毛能形成空气层，因而保暖性好。

平绒织物用于室内装饰主要是外包墙面或柱面及家具的坐垫等部位，如图7.55所示。

图7.55 凯悦酒店

7.9 施 工 工 艺

7.9.1 不锈钢饰面安装

不锈钢饰面安装工程质量要求高，技术难度也比较大，因此在安装前应核对预制件是否与设计图纸相符。

(1) 不锈钢饰面安装一般在完成室内装饰吊顶、隔墙、抹灰、涂饰等分项工程后进行，安装现场应保持整洁，有足够的安装距离和充足的自然或人工光线。

(2) 不锈钢饰面板的规格、尺寸、性能和安装基础层应符合设计要求，饰面板安装工程的预埋件、连接件的数量、规格、位置、连接方法必须符合设计要求，如图7.56所示。

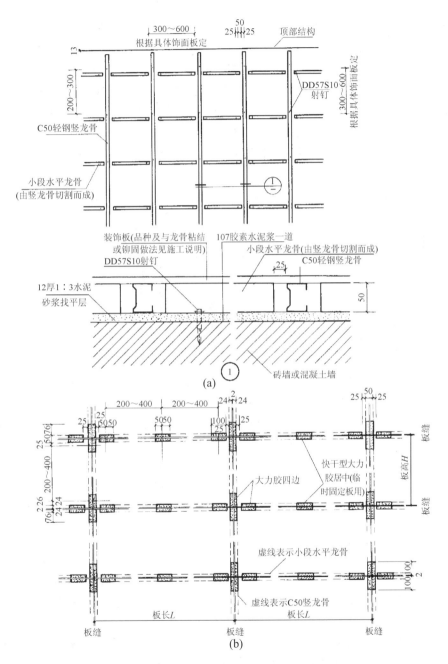

图 7.56　不锈钢平板贴墙构造

(3) 不锈钢饰面板黏结剂的使用必须符合国家有关标准。安装前应检查黏结剂的产品合格证书、出产日期和性能检测报告。

(4) 不锈钢饰面板安装基层表面必须平整、无油渍、无灰尘、无缺陷,基层必须牢固。

(5) 采用黏结剂黏结的安装方法,应涂刷均匀、平整,无漏刷。粘贴时用力均匀,用木块垫在饰面板上轻轻敲实粘牢;接缝处应将连接处保护膜撕起,对接应密实、平整、无错位、无叠缝;在胶水凝固前可作细微调整,并用胶带纸、绳等辅助材料帮助固定,但不能随意撕移与变动;对渗出的多余胶液应及时擦除,避免玷污饰面板表面,其贴墙构造如图 7.57 所示。

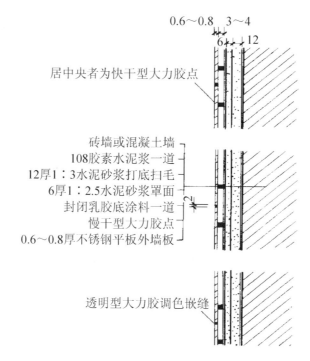

0.6～0.8 3～4

6   12

居中央者为快干型大力胶点

砖墙或混凝土墙
108胶素水泥浆一道
12厚1：3水泥砂浆打底扫毛
6厚1：2.5水泥砂浆罩面
封闭乳胶底涂料一道
慢干型大力胶点
0.6～0.8厚不锈钢平板外墙板

透明型大力胶调色嵌缝

图 7.57　不锈钢平板直接贴墙构造

(6) 室内温度低于 5℃时,不宜安装,严禁用人工温度烘拷黏结剂,以免燃烧引起火灾。

(7) 采用铆接、焊接和扣接的边缘应平直、不留毛边,留缝应符合设计要求,焊接后的打磨抛光应仔细,应保持表面平整无缺陷,接头应尽量安排在不明显的部位。铆接的连接件应完整,往往连接件本身起到很好的装饰效果,扣接的弧型、线条应扣到基层面,固定方法可采用黏结剂,也可直接扣住,但基层设计必须牢固,不宜留较大面积的空隙,不锈钢饰面局部受力后容易变形，造成缺陷。

7.9.2　塑铝复合板的施工与安装

现代室内装饰中各种塑铝复合板的应用十分普遍，其千变万化的色彩和质感，可以随意选用。塑铝复合板分室内与室外两大类。

塑铝复合板的安装形式一般可分为黏结法和螺钉连接法，前者用专用黏结剂黏结在平整的木质或石膏板、金属板等基层材料上，后者是固定在钢质或木质的骨架上。

1. 塑铝复合板的折板加工步骤

(1) 准备平整、洁净的工作台，大小视塑铝复合板折板而定；铝合金方管或硬木直尺，手提雕刻机、金属划刀、铅笔、钉、砂纸等。

(2) 根据设计要求，确定折板尺度，在塑铝复合板内侧用铅笔画线，并用铝合金方管或硬木直尺顺线将塑铝复合板平整地固定在操作台上，手提雕刻机直刀刀尖对准铅笔线，并与铝合金方管或硬木直尺紧靠，调整后将其固定。

(3) 手提雕刻机的雕刻刀径与深度应视塑铝板厚度而定，以刻到下层铝板与中间塑料连接处的 2/3 为宜，过深会伤及表面铝板，过浅会影响折板角度。

(4) 操作时，手握雕刻机要稳，垂直下刀。可先试刀，确定达到预先要求后进行，紧靠金属或木质靠山，推动雕刻机时要用力均匀，推到顶端后，再顺缝槽来回一次，使直角缝顺畅、平滑，然后用刷子及时清除废屑，用对折砂纸顺缝槽来回轻推数下，清除废屑，起掉靠山，如图 7.58 所示。

图 7.58　折板加工

(5) 折板时用力要均匀，折到设计要求角度后松手，不可上下多次折动，否则容易开裂，影响安装质量。

(6) 对折好的塑铝复合板要轻搬轻放，表面保护膜尽量不要破损撕毁。

(7) 塑铝复合板适合在装饰工程施工现场进行，但必须保持整洁，具备充足的光线与操作环境。

2. 塑铝复合板的安装

(1) 安装基层必须符合设计要求，外径尺寸必须与塑铝复合板内径有规定的公差。基层平整、无油渍、无灰尘、无钉头外露；金属骨架或木质骨架应牢固平整，如图 7.59 和图 7.60 所示。

图 7.59　骨架安装　　　　　　　　图 7.60　粘接底板

(2) 采用黏结剂粘接时，在清理基层达到要求后，应在基层表面画规划线；将塑铝复合板内侧和基层表面均匀地刷上黏结剂，用自制的锯齿状刮板将胶液刮平并将多余的胶液去除，要根据黏结剂说明书，达到待干程度后方能粘贴。

(3) 根据规划线，粘贴时应两手各持一角，先粘住一角，调整好角度后再粘另一角，确定无误后，逐步将整张板粘贴，并轻轻敲实。尺寸较大的塑铝复合板需两人或多人共同完成。室内温度低于5℃时，不宜采用黏结剂粘接法施工，如图7.61～图7.63所示。

图 7.61　粘贴塑铝复合板一

图 7.62　粘贴塑铝复合板二

图 7.63　安装完成

(4) 采用螺钉连接时，应用电钻在拧螺钉的位置钻孔，孔径应根据螺钉的规格决定，再将复合板用自攻螺丝拧紧。螺钉应打在不显眼及次要部位，打密封胶处理的应保持螺钉不外露。缝槽宽度应符合设计要求，密封胶要求与施工同铝板方法。

7.9.3　天然木质饰面的安装

天然木质饰面板一般作为装饰面贴面，其基层大多数是木质，也可贴在石膏板上和其他基面上。黏结方法一般有：用木胶、气钉固定、立时得等黏结剂黏结，使用胶水压制和用小钉钉等方法。施工方法如下。

(1) 根据设计要求选用相应的木质饰面板，按需要剪裁符合设计要求的面板，裁料一般用美工刀靠直尺，用力均匀划裁，当划至 1/2 以上深度后，目口可用力合拢使之顺刀痕裂开，裁下的料应用刨子或砂纸刨光或砂光，有特殊要求拼花、拼角的应试拼，符合设计要求后方能贴面。

(2) 饰面的基层基础应保持平整，尺寸要符合设计要求，应无油渍、灰尘和污垢。

(3) 木质饰面用的黏结木胶应选用符合现行国家质量要求与环保要求的产品，开箱检查应保证无变质，具有产品合格证和控制在有效期内。木胶涂刷要均匀，不得堆积与漏刷，贴面时要按方向顺序贴，同时用压缩气钉固定。

(4) 采用立时得等即时贴面时，因黏合后不易调整，所以黏合前必须试合，黏合时要根据各自认定的基准线轻轻粘上一边，然后粘上拍实。立时得刷胶要匀，用带锯齿的平板顺方向刮平，多余的胶水要去除。

(5) 为了确保木质饰面板的安装质量要求，有条件的可在使用前采用油漆封底，避免运输、搬运和切割、拼装时污染木质饰面表面。

7.9.4　装饰防火板饰面安装

装饰防火板分无机和有机两种，无机板是由水玻璃、珍珠岩粉和一定比例的填充剂、颜料混合后压制而成的，可根据需要制成各类仿石、仿木、仿金属以及各种色彩的光面、糙面、凹凸面的防火板，其主要特点是抗火、抗滑、不容易磨损，具有良好的装饰效果。

1. 装饰防火板饰面的安装

(1) 装饰防火板对基层的要求强于普遍木质饰面板，基层必须无油渍、无灰尘、无钉外露，平整的实体面，无宽缝、无凹陷、无空洞。

(2) 装饰防火板安装必须满足适当的温度与湿度，一般室内温度低于 5℃、高于 40℃、连续阴雨和梅雨季节都不宜安装。

(3) 装饰防火板只适宜使用类快干型黏合材料作为黏结剂(特殊的压制加工除外)。

(4) 装饰防火板贴面时应保持施工现场环境的整洁，上胶要均匀，用锯齿型平板刮平，多余的胶液要去除，被粘基层也刷上同一品种的黏结剂；等饰面板表面的胶液发白稍干后(可用手试，以沾不起来为宜)，将防火板饰面对准事先画好的基准线轻轻粘上一边，视觉正确无误后，一面推住黏结点，一面顺序抹平，边放边推直至全部粘上，然后用硬木块垫在饰面上轻轻敲实粘平，注意若有气泡，应将全部气泡排除后，方能敲紧。

(5) 装饰防火板安装后要及时清除饰面表面的胶迹、手迹和油污，并作好遮挡保护。

2. 装饰防火板饰面安装的注意事项

(1) 装饰防火板较脆，厚度在 1mm 左右，易碎，因此在搬运中应注意碰撞损角，堆放时应平放、防潮、防重压，单张应轻轻卷起竖放，使用前应平放使其恢复平整。

(2) 装饰防火板施工中应注意气泡现象，关键是注意黏结时空气有没有排尽。面积稍大的应两人协调安装，以排除空气、避免气泡起拱、粘贴平服为准。防火板的收边可用板锉，依照转角进行修整，也可采用修边机修整。

(3) 装饰防火板用胶水并不是越多越好，关键是要均匀、厚薄要一致，刷胶动作要协调，快慢视胶水挥发程度而定，黏合时应等胶水稍干后进行。

(4) 装饰防火板用黏结剂属快干型，粘贴后不易移动调整，因此粘贴前务必试拼或画线作基准，移位后撕下，一般不能重用，应另外配料重贴，所以一定要慎重。

(5) 冬季施工胶液挥发较慢，切不可用太阳光等光线或火源烘烤，容易引燃酿成火灾。立时得类型的黏结剂属易燃物品，用后空桶应集中存放处理，切不可现场乱扔或在接近电焊、切割等明火作业场所施工，要保证安装现场有符合消防要求的灭火器材与措施。

(6) 装饰防火板适用于室内装饰，室外装饰必须使用室外用防火板，并注意基础防潮、防漏。

7.9.5　壁纸的施工工艺

1. 施工工序

基层处理→墙体抹底、中层灰→刮腻子→封闭底漆一道→弹线→预拼→裁纸、编号→润纸、刷胶→上墙裱糊→修整表面→养护。

2. 施工要点

1) 刮腻子三遍

第一遍局部刮，第二、第三遍满刮，且先横后竖，每遍干透后用 0～2 号砂纸磨平。

2) 封闭底漆

腻子干透后，刷清漆一道。

3) 弹线

按壁纸的标准宽度弹出水平及垂直准线，线色应与基层是相同色系。为了使壁纸花纹对称，应在窗口弹好中线，再向两侧分弹。如果窗口不在开间中间，为保证窗间墙的阳角花饰对称，应弹窗间墙中线，由中心线向两侧再分格弹线，如图 7.64 所示。

4) 预拼、裁纸、编号

根据设计要求按照图案花色进行预拼，然后裁纸，裁纸长度应比实际尺寸大 20～30mm。裁纸下刀前，要认真复核尺寸有无出入，尺子压紧壁纸后不得再移动，刀刃贴紧尺边，一气呵成，中间不得停顿或变换持刀角度，手劲要均匀。

5) 润纸

壁纸上墙前，应先在壁纸背面刷一遍清水，不要立即刷胶，或将壁纸浸入水中 3～5min，取出将水擦净，静置约 15min 后，再行刷胶，如图 7.65 所示。

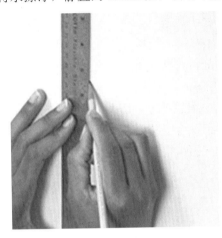

图 7.64　测量并标注

图 7.65　润纸

6) 刷胶

壁纸背面和基层应同时刷胶，刷胶应厚薄均匀，刷胶宽度比壁纸宽 30mm 左右，胶可自配，过筛去渣，当日使用，不得隔夜。壁纸刷胶后，为防止干得太快，可将壁纸刷胶面对刷胶面折叠，如图 7.66 所示。

7) 裱糊

按编号依次顺序裱糊，应先裱垂直面、后裱水平面，先裱细部后裱大面。主要墙面应用整幅壁纸，不足幅宽的壁纸，应裱糊于不明显部位或阴角等处。阳角处壁纸不得拼缝，壁纸绕过墙角的宽度不得小于 12mm，阴角处壁纸搭缝时，应先裱贴压在里面的转角壁纸，再裱贴非转角处的正常壁纸。阴角处壁纸的搭接宽度应在 2～3mm 范围内，如图 7.67 所示。

无需拼花的壁纸，可采用搭接裁割拼缝。在接缝处，两幅壁纸重叠 30mm，然后用钢直尺或铝合金直尺与裁纸刀在搭接重叠范围的中间将两层壁纸割透，把切掉的多余小条壁纸撕下。然后用刮板从上而下均匀地赶胶，排出气泡，并及时把溢出的胶液擦净。

图 7.66　刷胶

图 7.67　裱糊

有花纹的壁纸，只能采用对缝拼接。

3. 壁纸施工要点

(1) 基层处理，必须具有一定强度，不松散、不起粉脱落，不潮湿发霉，墙面基本干燥，含水率低于 5%。否则，会引起壁纸变黄发霉。同时，要求清除墙面灰头、粗粒凸灰及灰浆。表面脱灰、孔洞等较大的缺陷用砂浆修补平。对麻点、凹坑、接缝、裂缝等较小的缺陷，用底灰修补填平，干固后用砂纸磨平。

处理好的底层应该平整光滑，阴阳角线通畅、顺直，无裂痕，无砂眼麻点，无缝隙，无尘埃污物。

(2) 基层涂刷清油，裱贴墙面，要满涂一遍清油，要求厚薄均匀，不得有漏刷、流淌等缺陷。其目的是防止基层吸水太快引起胶粘剂脱水过快，从而影响壁纸的黏结效果。同时也可使胶粘剂涂刷得厚薄均匀，避免纸面起泡现象发生。

(3) 墙面弹水平线及垂直线，其目的是使壁纸粘贴后的花纹、图案、线条纵横连贯，故有必要在清油干燥后弹画水平、垂直线，作为操作时的依据标准。遇到门窗等大洞口时，一般以立边分划为宜，便于摆角贴立边。

(4) 墙面及壁纸涂刷胶粘剂，根据壁纸规格及墙面尺寸，统筹的规划裁纸，按顺序粘贴。墙面上下要预留裁割尺寸，一般每端应多留 5cm。当壁纸有花纹、图案时，要预先考虑完工后的花纹、图案、光泽效果，且应对接无误，不要随便裁割。同时应根据壁纸花纹、纸边情况采用对口或搭口裁割拼缝。

准备粘贴的壁纸，要先刷清水一遍，再均匀刷胶粘剂一遍，使壁纸充分吸湿伸张后好粘贴。胶底壁纸只需刷水一遍便可。同时墙面也一样刷胶粘剂一遍，厚薄要均匀，比壁纸刷宽 2～3cm，胶粘剂不能刷得过多、过厚、起堆，以防溢出，弄脏壁纸。

(5) 壁纸的粘贴，首先要垂直，后对花纹拼缝，再用刮板用力抹压平整。原则是先垂直面后水平面，先细部后大面。贴垂直面时先上后下，贴水平面时先高后低。拼贴时，注意阳角处千万不要留缝，由拼缝开始，向外向下，顺序压平、压实。搭接处应密实、拼严，花纹图案应对齐。阴阳角处应增涂胶粘剂1～2遍，以保证牢固。多余的胶粘剂，应顺操作方向，刮挤出纸边，并及时用湿润干净的布抹掉。有的壁纸是忌水或忌浆的，要保持纸面干净、清洁。采用搭口拼缝时，要待胶粘剂干到一定程度后，才用刀具裁割壁纸，小心撕去割出部分，再刮压密实。当用刀时，一次直落，力量要适当、均匀、不能停顿，以免出现刀痕搭口。同时也不要重复切割，以免搭口起丝影响美观，如图7.68和图7.69所示。

图7.68 靠平裁剪

图7.69 裁剪

壁纸粘贴后，若发现空鼓、气泡时，可用针刺进放气，再用注射针挤进胶粘剂。也可用锋利刀具切开泡面，加涂胶粘剂后，再用刮板压平压密实，如图7.70和图7.71所示。

图7.70 刮平

图7.71 用海绵吸溢出的胶水

(6) 成品保护，完成后的墙壁、顶棚，其保护是非常重要的。在流水施工作业中，人为的损坏、污染，施工期间与完工后使用期间的空气湿度与温度变化较大等因素，都会严重影响壁纸的质量。故完工后，应尽量封闭通行或设保护履盖物。一般应注意以下几点：

① 为避免损坏、污染，裱贴壁纸尽量放在施工作业的最后一道工序，特别应放在塑料的踢脚板铺贴之后；

② 裱贴墙分时空气相对湿度不应过高，一般应低于 85%，温度不应剧烈变化；

③ 在潮湿季节裱贴好的墙工程竣工后应在白天打开门窗，加强通风，夜晚关门闭窗，防止潮湿气体侵袭；

④ 基层抹灰层宜具有一定吸水性，混合砂浆批荡、纸筋灰罩面的基层较为适于裱贴壁纸，若用建筑石膏罩面效果更佳，水泥砂浆抹光基层的裱贴效果较差。

本 章 小 结

本章主要介绍了木饰面板、装饰薄木、装饰人造板、金属装饰板、合成装饰板、塑料饰面、壁纸、装饰墙布的种类、特性、用途、分类及规格，着重介绍了不锈钢饰面、塑铝复合板、天然木质饰面板、装饰防火板、壁纸的施工与安装。

木饰面板常有两种类型，一类是薄木装饰板，另一类是人工合成木制品。人工合成板有木胶合夹板、纤维板、木质人造板；装饰薄木分为天然薄木和人造薄木，目前大量用作刨花板、中密度纤维板、胶合板等人造板材的贴面材料；金属装饰板分为铝合金装饰板、不锈钢装饰板、铝塑板、涂层钢板、镁铝曲板；合成装饰板分为千思板、有机玻璃板、防火板；塑料饰面有塑料装饰板、塑料墙纸和墙布；壁纸是室内装饰材料之一；装饰墙布分为棉纺墙布、无纺贴墙布、化纤墙布、纺织纤维壁纸、平绒织物。

习 题

1. 薄木贴面板有哪些特征？
2. 铝塑板的适用范围有哪些？
3. 细木工板规格、技术性能有哪些？
4. 壁纸施工时有哪些技术要点？

第**8**章

地面装饰材料

技能点

1. 了解地面装饰材料的种类及用途
2. 了解实木地板和复合地板的区别
3. 掌握塑料地板和活动地板的特点
4. 掌握地面材料的工艺要求

难点

地面材料的施工工艺

说明

通过熟悉各种地面装饰材料的种类、特性、用途、分类及规格，掌握地面装饰材料的施工工艺，以图文并茂的方式为学习者提供了一个深入浅出、循序渐进的知识脉络，提升其设计实践和表现能力。

地面装饰作为地坪或楼板的表面，首先起到保护作用，使地坪和楼板坚固耐久。按不同用途的使用要求，地面应具有耐磨、防水、防潮、防滑、易于清扫等特点；在高级宾馆内，还有一定的隔声、吸声、弹性、保温、阻燃和舒适、装饰效果。

地面装饰板材按材质分类，有木质地板、竹制地板、复合木地板、塑料地板、橡胶地板等。

8.1　木　地　板

8.1.1　实木地板

实木地板是天然木材经烘干、加工后形成的地面装饰材料。它呈现出的天然原木纹理和色彩图案，给人以自然、柔和、富有亲和力的质感，同时它冬暖夏凉、触感好的特性使其成为卧室、客厅、书房等地面装修的理想材料。

据科学研究发现，木材中带有芬多精挥发性物质，具有抵抗细菌、稳定神经、刺激粘膜等功效，对视嗅觉、听触觉有洗涤效果，因此，木材是理想的室内装饰材料。

木地板具有自重轻、弹性好、热导率低、构造简单、施工方便等优点。其缺点是不耐火、不耐腐、耐磨性差等，但较高级的木地板在加工过程中已进行防腐处理，其防腐性、耐磨性有显著地提高，其使用寿命可提高 5～10 倍。

用作地板的木材，应注意选择抗弯强度较高，硬度适当，胀缩性小，抗劈裂性好，比较耐磨、耐腐、耐湿的木材。杉木、杨木、柳木、七叶树、横木等适于制作轻型地板；铁杉、柏木、红豆杉、桦木、槭木、楸木、榆木等适于制作普通地板；槐木、核桃木、悬铃木、黄檀木和水曲柳等适于制作高级地板，如图 8.1 所示。

1. 普通木地板

普通木地板由龙骨、水平撑、地板等部分组成。地板一般用松木或杉木，宽度不大于 12cm，厚约 2～3cm，拼缝做成企口或错口，直接铺钉在木龙骨上，端头拼缝要互相错开。

木地板铺完后，经过一段时间，待木材变形稳定后再进行刨光、清扫、刷地板漆。木地板受潮容易腐朽，适当保护可以延长其使用年限，如图 8.2 所示。

图 8.1　实木地板

图 8.2　普通木地板

2. 硬木地板

硬木地板多采用水曲柳、椴木、榉木、柞木、红木等硬杂木作面层板，松木、杨木等作毛地板、搁栅、垫木、剪刀撑等。裁口缝硬木地板应采用粘贴法。这种地板施工复杂、成本高，适用于高级住宅房间、室内运动场等，如图 8.3 和图 8.4 所示。

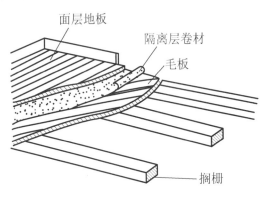

图 8.3　地板结构图

图 8.4　室内体育场

3. 硬质纤维板地板

硬质纤维板地板是利用热压制成 3～6mm 厚裁剪成一定规格的板材，再按图案铺设而成的地板。这种地板既有树脂加强，又是用热压工艺成型的，因此，质轻高强，收缩性小，克服了木材易于开裂、翘曲等缺点，同时又保持了木地板的某些特性。

4. 拼木地板

拼木地板分高、中、低档 3 个档次。高档产品适合于高级宾馆及大型会场会议室室内地面装饰，如图 8.5 所示；中档产品适合于办公室、疗养院、托儿所、体育馆、舞厅等装饰。

图 8.5　凯悦酒店(餐厅地板)

拼木地板的优点如下。

(1) 有一定弹性，软硬适中，并有一定的保温、隔热、隔声功能。

(2) 容易使地面保持清洁，拼木地板使用寿命长，铺在一般居室内，可用 20 年以上，可视为永久性装修。

(3) 款式多样，可铺成多种图案，经刨光、油漆、打蜡后木纹清晰美观，漆膜丰满光亮，易与家具色调、质感浑然协调，给人以自然、高雅的享受，如图 8.6 所示。

目前市场上出售的拼木地板条一般为硬杂木，如水曲柳、柞木、榉木、柯木、栲木等。前两种特别是水曲柳木纹美观，但售价高，多用于高档建筑装修。江浙一带多用浙江、福建产的柯木；西南地区多用当地产的带有红色的栲木；北京地区常用的是柞木，产于东北和秦岭。

由于各地气候差异，湿度不同，制木地板条时木材的烘干程度不同，其含水率也有差异，对使用过程中是否出现脱胶、隆起、裂缝有很大影响。北方若用南方产含水率高的木地板，则会产生变形，铺贴困难，或者安装后出现裂纹，影响装饰效果。一般来说，西北地区(包头、兰州以西)和西藏地区，选用拼木地板的含水率应控制在 10%以内；华北、东北地区选用拼木地板的含水率应控制在 12%以内；中南、华南、华东、西南地区选用拼木地板的含水率应控制在 15%以内。一般居民无法测定木材含水率，所以购买时要凭经验判断木地板干湿，买回后放置一段时间再铺贴。

图 8.6　拼木地板

　　拼木地板分带企口和不带企口六面光两种。带企口地板规格较大较厚，具有拼缝严密、有利于邻板之间的传力、整体性好、拼装方便等优点；不带企口的木板条较薄，如图 8.7 和图 8.8 所示。

图 8.7　凯悦酒店(地板的应用)一

图 8.8　凯悦酒店(地板的应用)二

8.1.2　复合木地板

　　复合木地板又叫强化木地板，由硬质纤维、中密度纤维板为基材的浸渍纸胶膜贴面层复合而成，表面再涂以三聚氰胺和三氧化二铝等耐磨材料。原有的以刨花板为基材的木地板已经逐渐被市场淘汰。这种复合木地板既改掉了普通木地板的一些缺点，保持了优质木材具有天然花纹的良好装饰效果，又达到了节约优质木材的目的。

　　复合木地板具有皮实耐磨、典雅美观、色泽自然、花色丰富、防潮、阻燃、抗冲击、不开裂变形、安装便捷、保养简单、打理方便等优点，如图 8.9 所示。

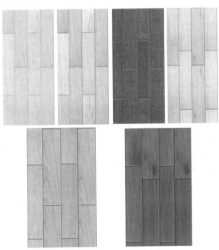

图 8.9　复合木地板

复合木地板的规格有 900mm×300mm×11mm，900mm×300mm×14mm 两种，如图 8.10 所示。

图 8.10 两种规格的复合木地板

8.1.3 竹制地板

竹制地板是用经过脱去糖分，淀粉，脂肪，蛋白质等特殊无害处理后的竹板用胶粘剂拼接，施以高温高压而成的。地板无毒，牢固稳定，不开胶，不变形，具有超强的防虫蛀功能。地板六面用优质耐磨漆密封，阻燃，耐磨，防霉变。地板表面光洁柔和，几何尺寸好，品质稳定，是住宅、宾馆和写字间等的高级装潢材料。

竹材是节木、代木的理想材料。毛竹的抗拉强度为 202.9MPa，是杉木的 2.5 倍；抗压强度为 78.7MPa，是杉木的 2 倍；抗剪强度为 160.6MPa，是杉木的 2.2 倍。此外，毛竹的硬度和抗水性都优于杉木，就物理力学性能而言，以竹代木是完全可行的。竹制地板的优点有以下几个方面。

(1) 具有别具一格的装饰性。竹制地板色泽自然，色调高雅，纹理通直，刚劲流畅，可为居室平添许多文化氛围，如图 8.11 所示。

(2) 具有良好的质地和质感。竹制地板富有弹性，硬度强，密度大，质感好。

(3) 适合地热采暖。竹制地板的热传导性能、热稳定性能、环保性能、抗变形性能都要比木制地板好一些，而且非常适合地热采暖，在越来越多房地产楼盘采用地热采暖的情况下，竹制地板的优势性就更显珍贵，如图 8.12 所示。

图 8.11　竹制地板

图 8.12　凯悦酒店

8.2　塑料地板

　　塑料地板是指由高分子树脂及其助剂通过适当的工艺所制成的片状地面覆盖材料。塑料地板的优点很多，如装饰效果好，其色彩图案不受限制，能满足各种用途需要，也可模仿天然材料，十分逼真。塑料地板的种类也较多，有适用于公共建筑的硬质地板，也有适用于住宅建筑的软性发泡地板，能满足各种建筑的使用要求，施工铺设和维修保养方便，耐磨性好，使用寿命长，并具有隔热、隔声、隔潮等多种功能，脚感舒适有暖和感，如图 8.13 所示(效果图见彩插第 8 页)。

图 8.13　塑料地板

8.2.1　塑料地板的分类

(1) 按形状分类。塑料地板按形状可分为块状和卷状两种。块状塑料地板可拼成各种不同图案，卷状塑料地板具有施工效率高的优点，如图 8.14 和图 8.15 所示(效果图见彩插第 8 页)。

图 8.14　塑料地板(块状)

(2) 按生产工艺分类。有压延法塑料地板、热压法塑料地板和涂布法塑料地板等。

(3) 按使用的树脂分类。有聚氯乙烯塑料地板、氯乙烯-醋酸乙烯塑料地板、聚乙烯、聚丙烯塑料地板 3 种。目前各国生产的塑料地板绝大部分为聚氯乙烯地板。

图 8.15　塑料地板(卷状)

8.2.2　塑料地板的结构与性能

目前市场上有多种弹性塑料地板。弹性塑料地板有单层的和多层的。单层的弹性塑料地板多为低发泡塑料地板，一般厚 3～4mm，表面压成凹凸花纹，吸收冲击力好，防滑、耐磨，多用于公共建筑，尤其在体育馆应用较多，如图 8.16 和图 8.17 所示。

图 8.16　篮球馆塑料地板

　　多层的弹性塑料地板由上表层、中层和下层构成。上表层填料最少，耐磨性好；中层一般为弹性垫层(压成凹形花纹或平面)材料；下层为填料较多的基层。上、中、下层一般用热压法黏结在一起。透明的面层往往是为了使中间垫层的各种花色图案显露出来，以增添艺术效果。面层都是采用耐磨、耐久的材料。发泡塑料垫层凹凸花纹中的凹下部分，是在该处的油墨中添有化学抑制剂，发泡时能抑制局部的发泡作用而减少发泡量，形成凹下花纹，其他材料采用压制成型。

图 8.17　健身房塑料地板

弹性垫层一般采用泡沫塑料、玻璃棉、合成纤维毡或用合成树脂胶结在一起的软木屑、合成纤维及亚麻毡垫。多层的弹性塑料地板立体感和弹性好，不易污染，耐磨及耐烟头烫的性能好，适用于豪华商店和旅馆等。弹性地板类型很多，所用的材料不同时地板的性质和生产工艺也不同，因此原料配比也不同，如图 8.18 和图 8.19 所示。

图 8.18　多层弹性塑料地板 1　　　　图 8.19　多层弹性塑料地板 2

8.2.3　聚氯乙烯塑料地板

1．聚氯乙烯塑料地板的性能特点

1）尺寸稳定性

尺寸稳定性是指塑料地板在长期使用后尺寸的变化量，如图 8.20 所示。

图 8.20　聚氯乙烯塑料地板

2) 翘曲性

质量均匀的聚氯乙烯塑料地板一般不会发生翘曲。非匀质的塑料地板，即由几层性质不同的材料组成的地板，底面层的尺寸稳定性不同就会发生翘曲。

3) 耐凹陷性

耐凹陷性是塑料地板在长期受静止负载后造成凹陷的恢复能力，它表示对室内家具等静止负载的抵抗能力。半硬质塑料地板比软质的或发泡的塑料地板耐凹陷性好。

4) 耐磨性

一般塑料地板的耐磨性好，聚氯乙烯塑料地板的耐磨性与填料加入量有关，填料加入越多，耐磨性越好。具有透明聚氯乙烯面层的印花卷材耐磨性最好。

5) 耐热、耐燃和耐烟头性

聚氯乙烯是一种热塑性塑料，受热会软化，耐热性不及一些传统材料。因此，聚氯乙烯塑料地板上不宜放置温度较高的物体，以免变形。

6) 耐污染性和耐刻划性

聚氯乙烯塑料地板的表面比较致密，吸收性很小，耐污染性很好，有色液体、油脂等在表面不会留下永久的斑点，容易擦去。塑料地板表面沾的灰尘也容易清扫干净。

7) 耐化学腐蚀性

耐化学腐蚀性优异是聚氯乙烯塑料地板的特点之一，不仅对民用住宅中的酒、醋、油脂、皂、洗涤剂等有足够的抵抗力，不会软化或变形变色，而且在工业建筑中对许多有机溶剂、酸、碱等腐蚀性气体或液体有很好的抵抗力。

8) 抗静电性

在存放易燃品的室内应使用防静电的塑料地板。

9) 机械性能

塑料地板其机械强度要求并不高。一般在塑料地板中掺入较多的填充料，其目的是在不影响使用性能的前提下降低产品成本，而且还能改善其耐燃性、尺寸稳定性等物理性能。

10) 耐久性

塑料地板长期使用后会不同程度地出现老化现象，表现出褪色、龟裂。耐老化性能主要取决于材料本身的质量，也与使用环境和保养条件有关。从目前使用实际效果来看，塑料地板使用年限可达 20 年左右。

2. 聚氯乙烯塑料块状地板

聚氯乙烯塑料块状地板是以聚氯乙烯及其共聚树脂为主要原料，加入填料、增塑剂、稳定剂、着色剂等辅料，经压延、挤出或挤压工艺生产而成的，有单层和同质复合两种。其规格为 300mm×300mm，厚度 1.5mm。

1) 单色半硬质塑料地板

单色半硬质塑料地板是以聚氯乙烯为主要材料，掺入增塑剂、稳定剂、填充料等经压延法、热压法或挤出法制成的硬质或半硬质塑料地板。这是较早生产的一种塑料地板，国内主要采用热压法生产，适用于各种公共建筑及有洁净要求的工业建筑的楼地面装饰。这种板材硬度较大，脚感略有弹性，行走无噪声；单层型的不翘曲，但多层型的翘曲性稍大；耐凹陷、耐沾污。

单色聚氯乙烯塑料地板可以分为素色和杂色拉花两种。杂色拉花就是在单色的底色上拉出直条的其他颜色花纹，有的类似大理石花纹，所以也有人称为拉大理石花纹地板，花纹的颜色一般是白色、黑色和铁红色。杂色拉花不仅增加装饰效果，同时对表面划伤有遮盖作用。

单色半硬质聚氯乙烯塑料地板块按其结构不同有 3 种形式：单层均质塑料地板，复合多层型塑料地板，石英加强型塑料地板。

2) 印花聚氯乙烯塑料地板砖

(1) 印花贴膜聚氯乙烯塑料地板砖。它由面层、印刷层和底层组成。面层为透明聚氯乙烯膜，厚度约 0.2mm；底层为加填料的聚氯乙烯树脂，也有的产品用回收的旧塑料。印刷图案有单色和多色两种，表面是单色的，也有的压上桔皮纹或其他花纹，起消光作用。

(2) 压花印花聚氯乙烯地板砖。它表面没有透明聚氯乙烯薄膜；印刷图案是凹下去的，通常是线条、粗点等，使用时沾上油墨不易磨去。其性能除了有压花印花图案外，其余均与单色半硬质塑料地板块相同，其应用范围也基本相同。

(3) 碎粒花纹聚氯乙烯地板砖。它由许多不同颜色(2～3 色)的聚氯乙烯碎粒互相黏合而成，因此整个厚度上都有花纹。碎粒的颜色虽然不同，但基本是同一色调，粒度为 3～5mm。碎粒花纹地板砖的性能基本上与单色塑料地板块相同，主要特点是装饰性好，碎粒花纹不会因磨耗而丧失，也不怕烟头危害。

(4) 水磨石聚氯乙烯地板砖。它由一些不同色彩的聚氯乙烯碎粒和其周围的"灰缝"构成，碎粒的外形与碎石一样，所以外观很像水磨石，砖的整个厚度上都有花纹，如图 8.21所示。

3. 聚氯乙烯塑料卷材地板

聚氯乙烯塑料卷材地板是以聚氯乙烯树脂为主要原料，加入适当助剂，在片状连续基材上，经涂敷工艺生产而成，分为带基材的发泡聚氯乙烯卷材地板和带基材的致密聚氯乙烯卷材地板两种，其宽度有 1800mm、2000mm，每卷长度 20mm、30mm，总厚度有 1.5mm、2mm。

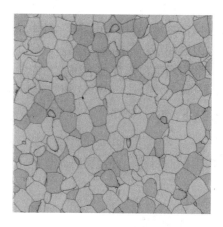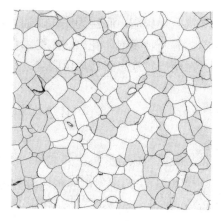

图 8.21　水磨石聚氯乙烯地板砖

1) 软质聚氯乙烯单色卷材地板

这种卷材地板通常是均质的，底层、面层的组成性质相同。有单色的卷材，也有拉大理石花纹的卷材。除表面平滑的外，还有表面压花的，如直线条、菱形花、圆形花等，起防滑作用。其性能如下。

(1) 质地较软，有一定的弹性和柔性。

(2) 耐烟头性中等，不及半硬质地板块。

(3) 由于是均质的，表面平伏，所以不会发生翘曲现象。

(4) 耐玷污性和耐凹陷性中等，不及半硬质地板块。

(5) 机械强度较高，不易破损。

2) 不发泡印花聚氯乙烯卷材地板

这种卷材地板与印花塑料地板砖的结构相同，也可由 3 层组成。面层为透明聚氯乙烯膜，起保护印刷图案的作用；中间层为印花层，是一层印花的聚氯乙烯色膜；底层为填料较多的聚氯乙烯树脂，有的产品以回收料为底料，这样可降低生产成本。其表面一般有桔皮、圆点等压纹，以降低表面的反光，但仍保持一定的光泽。不发泡印花聚氯乙烯卷材地板通常采用压延法生产。其尺寸外观、物理机械性能基本上与软质塑料单色卷材地板相接近，但其印刷图案的套色精度误差应小于 1mm，印花卷材还要有一定的层间剥离强度，且不允许严重翘曲。它可用于通行密度不高、保养条件较好的公共和民用建筑。

3) 印花发泡聚氯乙烯卷材地板

这种印花发泡聚氯乙烯卷材地板的结构与不发泡印花聚氯乙烯卷材地板的结构相近，其底层是发泡的，表面有浮雕感，它一般都由 3 层组成。面层为透明聚氯乙烯膜；中间层为发泡的聚氯乙烯树脂;底层为底布,通常用矿棉纸、玻璃纤维布、玻璃纤维毡、化学纤维无纺布等。有一种发泡印花聚氯乙烯卷材地板由透明层和发泡层组成,无底布;还有一种是底布夹在两层发泡聚氯乙烯树脂层之间的,也称增强型印花发泡聚氯乙烯卷材地板。

8.3 橡胶地板

橡胶地板是以合成橡胶为主要原料,添加各种辅助材料,经过特殊加工而成的地面装饰材料,如图 8.22 所示(效果图见彩插第 8 页)。

1. 橡胶地板的特点

橡胶地板具有耐磨、抗震、耐油、抗静电、阻燃、易清洗、施工方便、使用寿命长的特点。

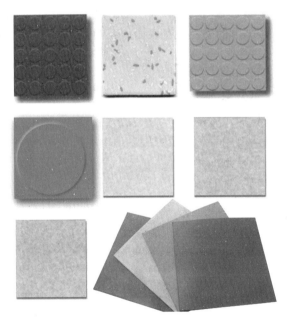

图 8.22 橡胶地板

2. 橡胶地板产品规格和性能

橡胶地板有各种颜色,形状多样,有圆型、粒状、漏状型等,其产品规格和性能见表 8-1。

表 8-1　橡胶地板的产品规格和性能

名　　称	说明和特点	规　　格	技术性能	
			项　目	指　标
彩色橡胶地板	以丁腈橡胶为主要原料,合氯高聚物为改性剂经特殊加工而成。产品具有良好的耐臭氧、耐候、耐燃、耐火、不易附着尘埃等特点		拉伸强度/MPa 扯断伸长率/% 硬度(邵尔 A)/度 阻燃性氧指数 撕裂强度/kN/m 耐热老化/70℃,96h 拉伸强度变化率/% 拉断伸长率变化率/%	8.5 370 80 24 22.078 无　变 化 +8 -6
圆型橡胶铺地砖	以合成橡胶为主要原料,经特殊加工而成。具有良好的耐磨、耐候、耐震、易清洗等特点	300mm×300mm		
粒状橡胶门厅踏垫		300mm×300mm	扯断强度/MPa 扯断伸长率/% 老化系数	>7.0 >350 >0.8
漏孔形橡胶铺地材料		350mm×350mm	扯断强度/MPa 扯断伸长率/% 永久变形/%	4.0 >350 <0.8
彩色橡胶地板(豪迪牌)	彩色橡胶地板与配套专用胶粘剂组成的新型铺地材料。具有阻燃性好、色彩鲜艳、抗震、耐油、耐磨、耐老化、抗静电、易清洗且施工方便、无污染、使用寿命长等特点。尤为突出的是地板表面凸出的花纹,具有防滑、降噪、弹性好等特点	300mm×300mm×(2.5～3mm) DY(M)—01 砖红 DY(M)—02 米色 DY(M)—03 奶白 DY(M)—04 浅绿 DY(M)—05 紫色 DY(M)—06 黑色 DY(M)—07 烟灰 DY(M)—08 深绿 DY(M)—09 天蓝色 DY(M)—10 橙色 注:D—地板 　　Y—凸圆形 　　M—梅花形	硬度(邵尔 A)/度 回弹性/% 阻燃性 撕裂强度/kN/m 耐热老化/70℃,24h	85±5 >10 难燃 >10 无变化

3. 橡胶地板的用途

橡胶地板色彩繁多，适用于体育场、车站、购物中心、学校、娱乐设施、公共建筑、百货商店、电梯厅等，如图8.23和图8.24所示(效果图见彩插第8页)。

图 8.23　橡胶地板的应用

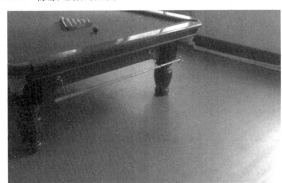

图 8.24　左为运动场、右为台球厅

8.4　活 动 地 板

活动地板，又称装配式地板。它是由各种规格型号和材质的面板块、行条、可调支架等组合拼装而成的。活动地板与基层地面或楼面之间所形成的架空空间，不仅可满足铺设纵横交错的电缆和各种管线的需要，而且通过设计，在架空地板的适当部位设置通风口(通风百页或通风型地板)，还可满足静压送风等空调方面的要求，如图8.25所示。

图 8.25　活动地板

8.4.1　活动地板的特点

(1) 产品表面平整、坚实，耐磨、耐烫、耐老化、耐污染性能优越。

(2) 具有高强度、防静电多种型号，产品质量可靠，性能稳定。

(3) 安装、调试、清理、维修简便，可随意开启、检查和拆迁。

(4) 抗静电升降活动地板还具有优良的抗静电能力，下部串通、高低可调、尺寸稳定、装饰美观和阻燃，如图 8.26 所示。

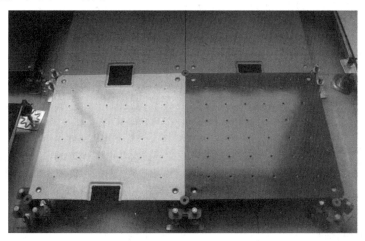

图 8.26　抗静电升降活动地板

8.4.2 活动地板的用途

活动地板适用于邮电部门、大专院校、工矿企业的电子机房、试验室、控制室、调度室、广播室以及有空调要求的会议室、高级宾馆、客厅、自动化办公室、军事指挥室、电视发射台地面卫星站机房、微波通信站机房和有防尘、防静电要求的场所，如图 8.27 所示。

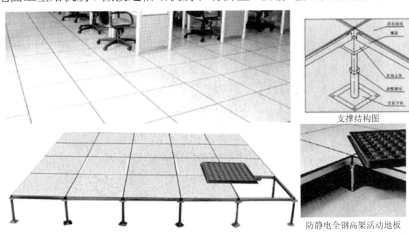

支撑结构图

防静电全钢高架活动地板

图 8.27 活动地板(机房)

8.4.3 产品规格和技术性能

活动地板的产品规格和技术性能，见表 8-2。

表 8-2 活动地板的产品规格和技术性能

名称	说明	规格/mm	技术性能		
SJ—6 型升降地板	由可调支架、行条、及面板组成。面板底面用合金铝板、四周由 2.5# 角钢锌板作加强，中间由玻璃钢浇制成空心夹层，表面由聚酯树脂加抗静电剂、填料制成抗静电塑料贴面	品种：有普通抗静电地板、特殊抗静电地板 面板尺寸：600×600 支架可调范围：250～350	电性能： 表面电阻率/Ω 体积电阻率(Ω·m) 放电时间常数 J/s 电荷半衰期 $T^{0.5}/s$	普通抗静电板 $10^8 \sim 10^9$ $10^6 \sim 10^7$ 2.65×10^{-8} 195×10^{-7}	特殊抗静电板 $10^6 \sim 10^7$ $10^4 \sim 10^8$ 3.5×10^{-7} 2×10^{-7}
			力学性能： 集中荷载 3000N(变形＜2mm) 均布荷载 6000N·m²(变形＜2mm)		

续表

名　称	说　明	规格/mm	技术性能
活动地板	由铝合金复合石棉塑料贴面板块、金属支座等组成。塑料贴面板块分防静电和不防静电两种。支座由钢铁底座、钢螺杆和铝合金托组成	面板尺寸： 450×450×36 465×465×36 500×500×36 支座可调范围： 250～400	面板剥离强度/MPa：5 防静电固有电阻/Ω： $1.0×10^6$～$1.0×10^{10}$
抗静电铝合金活动地板	面板块：铸铝合金表面黏合软塑料 支架：铝合金、铸铁制造	外型尺寸： 50.0×50.0×32 每块重量：≥7kg	均布荷载/N·m²：≤1200 集中荷载/N：300 防静电固有电阻值/Ω：10^6～10^{10}
复合活动铝地板		450×450×40 每块重量：2.7kg	均布荷载/N·m²：200 集中荷载/N：500 抗静电/Ω：(FFD—83 型)10^9 以下 摩擦电压/V：0～10
钢制活动地板	面板块为塑料地板，支架行条由优质冷轧钢板制造	50.0×50.0 450×450 重量 24kg/m² 地板高度： 150(可调节) 30.0(可调节)	均布荷载/N·m⁻²：≥1600 集中荷载/N：≥500 系统电阻值/Ω：10^8～10^{12} 表面起电电压/V：＞10
抗静电铝合金活动地板		面板尺寸： 500×500×30 配套支架：150～400	

8.5　地　毯

　　地毯是以棉、麻、毛、丝、草等天然纤维或化学合成纤维类原料，经手工或机械工艺进行编结、栽绒或纺织而成的地面覆盖物。是一种高级地面装饰品，有悠久的历史，也是一种世界通用的装饰材料之一。它不仅具有隔热、保温、吸声、挡风及弹性好等特点，而且铺设后可以使室内具有高贵、华丽、悦目的氛围。所以，它是自古至今经久不衰的装饰材料，广泛应用于现代建筑和民用住宅，有减少噪声、隔热和装饰效果，如图 8.28 所示。

图 8.28　凯悦酒店(楼梯地毯)

8.5.1　地毯的分类与等级

1. 地毯的分类

根据 ZBW 56003—1988《地毯产品分类命名》的规定，地毯产品根据构成毯面加工工艺不同可分为手工类地毯和机制类地毯。手工类地毯即以人手和手工工具完成毯面加工的地毯，又可分为手工打结地毯、手工簇绒地毯、手工绳条编结地毯、手工绳条缝结地毯等，如图 8.29 所示。

图 8.29　凯悦酒店

地毯按照材质又可分为纯毛地毯、混纺地毯、化纤地毯、塑料地毯、橡胶地毯、剑麻地毯等。其中纯毛地毯采用羊毛为主要原料，具有弹力大、拉力强、光泽好的优点，是高档铺地装饰材料；剑麻地毯是植物纤维地毯的代表，耐酸碱、耐磨、无静电，主要在宾馆、饭店等公共建筑或家庭中使用，如图 8.30 所示。

图 8.30　剑麻地毯

2. 地毯的等级

根据地毯的内在质量、使用性能和适用场所将地毯分为 6 个等级。

(1) 轻度家用级：适用于不常使用的房间。

(2) 中度家用或轻度专业使用级：可用于主卧室和餐室等。

(3) 一般家用或中度专业使用级：起居室、交通频繁部分楼梯、走廊等。

(4) 重度家用或一般专业使用级：家中重度磨损的场所。

(5) 重度专业使用级：家庭一般不用，用于客流量较大的公用场合。

(6) 豪华级：通常其品质至少相当于 3 级以上，毛纤维加长，有一种豪华气派。

地毯作为室内陈设不仅具有实用价值，还具有美化环境的功能。地毯防潮、保暖、吸声与柔软舒适的特性，能给室内环境带来安适、温馨的气氛。在现代化的厅堂宾馆等大型建筑中，地毯已是不可缺少的实用装饰品。随着社会物质、文化水平的提高，地毯以其实用性与装饰性的和谐统一已步入一般家庭的居室之中，如图 8.31～图 8.33 所示。

图 8.31　凯悦酒店一

图 8.32　凯悦酒店二

图 8.33　凯悦酒店三

8.5.2　地毯的基本功能

1. 保暖、调节功能

大面积铺垫地毯可以减少室内通过地面散失的热量，阻断地面寒气的侵袭，使人感到温暖舒适。地毯织物纤维之间的空隙具有良好的调节空气湿度的功能，使室内湿度得到一定的调节平衡，令人舒爽怡然。

2. 吸声功能

地毯的丰厚质地与毛绒簇立的表面具备良好的吸声效果，并能适当降低噪声影响。此外，在室内走动时的脚步声也会消失，减少了周围杂乱的音响干扰，有利于形成一个宁静的居室环境。

3. 舒适功能

在地毯上行走时会产生较好的回弹力，令人步履轻快，感觉舒适柔软，有利于消除疲劳和紧张。地毯的铺垫给人们温馨，起着极为重要的作用，如图 8.34 所示。

图 8.34　凯悦酒店(会议厅)

4．审美功能

　　地毯质地丰满，外观华美，铺设后地面能显得端庄富丽，获得极好的装饰效果。地毯在室内空间中所占面积较大，决定了居室装饰风格的基调。选用不同花纹、不同色彩的地毯，能造成各具特色的环境气氛，如图 8.35 所示。

图 8.35　国际俱乐部(大厅)

8.5.3　地毯的性能要求

地毯既是一种铺地材料，也是一种装饰织物，因此对地毯织物的性能要求就兼具这两方面的内容。

1. 坚牢度

地毯的纤维和组织结构编结都需具有一定的牢度，不易脱绒。在纤维色牢度方面也有一定的标准和要求。

2. 保暖性

地毯的保暖性能是由它的厚度、密度以及绒面使用的纤维类型来决定的。

3. 舒适性

地毯的舒适性主要指行走时的脚感舒适性，这里包括纤维的性能、绒面的柔软性、弹性和丰满度。天然纤维在脚感舒适性方面比合成纤维好，尤其是羊毛纤维，柔软而有弹性，举步舒爽轻快。化纤地毯一般都有脚感发滞的缺陷。绒面高度在 10～30mm 之间的地毯柔软性与弹性较好，丰满而不失力度，行走脚感舒适。绒面太短虽耐久性好，步行容易，但缺乏松软弹性，脚感欠佳，如图 8.36～图 8.38 所示。

4. 吸声隔声性

地毯须具有良好的吸声、隔声性能，这就要求在确定纤维原料、毯面厚度与密度时进行认真地选择，考虑吸声率的大小，以满足不同环境需达到的吸声、隔声性能要求。剧院、大型会议厅等场所十分注重音响质量，力求避免噪声侵扰，对地毯的吸声、隔声性能要求较高，一般居家使用则适当掌握即可。

图 8.36　凯悦酒店(客房)

图 8.37　凯悦酒店一

图 8.38　凯悦酒店二

5．抗污性、抗菌性

要求地毯有不易污染、易去污清洗的性能。家庭居室使用的地毯更需耐污并便于进行日常清扫。地毯还须具备较好抗菌、抗霉变、抗虫蛀的性能，尤其是以羊毛纤维制织的地毯在温度、湿度较高的环境中使用，极易霉蛀，因此须进行防蛀性处理，以确保地毯的良好性能与使用寿命。

6．安全性

地毯的安全性包括抗静电性与阻燃性两个方面。静电是衡量地毯的带电和放电情况。静电大小与纤维本身导电性有关，一般来说，化纤地毯不经过处理或是纤维导电性差，其所带静电比羊毛地毯多，不过化纤地毯中尼龙地毯的抗静电能力可与羊毛地毯相媲美，如图 8.39～图 8.41 所示。

图 8.39　凯悦酒店三

图 8.40　凯悦酒店四

图 8.41　凯悦酒店(健身房)

现代的地毯须具有阻燃性，燃烧时低发烟并无毒气。凡燃烧时间在 12min 内，燃烧的直径在 179.6mm 以内的都为合格，如图 8.42 和图 8.43 所示。

图 8.42 凯悦酒店五

图 8.43 凯悦酒店六

8.5.4 地毯的主要技术性质

1. 耐磨性

地毯的耐磨性用耐磨次数来表示。地毯耐磨性的数据可为地毯耐久性提供依据。耐磨性是反映地毯耐久性的重要指标。

2. 弹性

衡量地毯绒面层的弹性，即地毯在动力荷载作用下，其厚度损失的百分率。纯毛地毯的弹性好于化纤地毯，而丙纶地毯的弹性不及腈纶地毯。

3. 剥离强度

剥离强度是衡量地毯面层与背衬复合强度的一项性能指标，也是衡量地毯复合后的耐水性指标。

4. 黏合力

黏合力是衡量地毯绒毛固着在背衬上的牢固程度的指标。

5. 抗老化性

抗老化性主要是对化纤地毯而言的。老化性是衡量地毯经过一段时间光照和接触空气中的氧气后，化学纤维老化降解的程度。

6. 抗静电性

化纤地毯使用时易产生静电，产生吸尘和难清洗等问题，严重时，人有触电的感觉。因此化纤地毯生产时常掺入适量抗静电剂，如图 8.44 所示。

图 8.44　凯悦酒店(客房)地毯

8.6　施 工 工 艺

8.6.1　实木地板施工铺设方法

实木地板施工铺设方法主要用龙骨铺设法，其铺设方法如下。

1. 基础部分

1) 3 个方面含水率的测定

(1) 地面含水率≤20%，如图 8.45 所示。

(2) 7%≤地板含水率≤当地城市平均含水率。

(3) 龙骨的含水率应≤12%。

图 8.45　水泥地面

2) 龙骨规格的选择

(1) 一般选用 30mm×50mm 落叶松、白松、杉木等，其他规格可根据房间要求而定。

(2) 指接实木龙骨比整根实木龙骨更加稳定，可优先采用，如图 8.46 所示。

图 8.46　龙骨固定

3) 龙骨排列间距的确定

根据地板尺寸和房间尺寸确定龙骨排列间距，必须注意两龙骨间距应小于 350mm，每根龙骨两钉间距应小于 400mm，且在距两龙骨两端头的 150mm 内应有钉子固定，如图 8.47 所示。

图 8.47　打龙骨钉

4) 防潮膜的铺设

防潮膜应铺设在龙骨上，注意两膜应相互重叠 100mm，并在接口处用宽胶带胶封好，还要在墙四周上折 50mm 以上，如图 8.48 所示。

图 8.48　地板安装

2. 面层部分

(1) 面层铺设时首先应注意在墙四周预留伸缩缝，与地板铺设同方向之侧预留 3mm，横向之侧留 5～10mm。

(2) 两地板之间应留伸缩缝。

(3) 注意地板两端头接缝应落在龙骨上，每根龙骨上的地板一定要着钉，地板较宽的(如 100mm 宽度以上)应在地板公榫端头中间加固钉子。

(4) 全部铺装完后，应将地板表面打扫干净后打一遍地板专用防护蜡，如图 8.49 所示。

图 8.49　蜡保养

8.6.2　聚氯乙烯塑料卷材地板的施工工艺

1. 施工工序

基层处理→弹线→试铺→刷底子胶→铺贴地板→贴塑料踢脚板→擦光上蜡→养护。

2. 施工要点

1) 基层处理

塑料地板基层一般为水泥砂浆地面，基层应坚实、平稳、清洁和干燥，表面若有麻面、凹坑，应用 108 胶水泥腻子(水泥：108 胶水：水=1：0.75：4)修补平稳。

2) 铺贴

塑料卷材要求根据房间尺寸定位裁切，裁切时应在纵向上留有 0.5%的收缩余量(考虑卷材切割下来后会有一定的收缩)。切好后在平整的地面上静置 3～5 天，使其充分收缩后再进行裁边。粘贴时先卷起一半粘贴，然后再粘贴另一半，如图 8.50 所示。

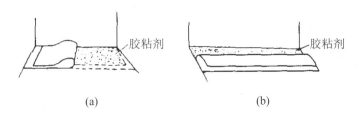

(a)　　　　　　　　　　　　　　　　(b)

图 8.50　卷材粘贴示意图

8.6.3　固定地毯的施工工艺

1.　基层处理

铺设地毯的基层,一般是水泥地面,也可以是木地板或其他材质的地面。要求表面平整、光滑、洁净,若有油污,须用丙酮或松节油擦净。若为水泥地面,应具有一定的强度,含水率不大于 8%,表面平整偏差不大于 4mm。

2.　弹线、套方、分格、定位

要严格按照设计图纸对各个不同部位和房间的具体要求进行弹线、套方、分格,当图纸有规定和要求时,则严格按图施工。当图纸没个体要求时,应对称找中并弹线,便可定位铺设。

3.　地毯剪裁

地毯剪裁应在比较宽阔的地方集中统一进行。一定要精确测量房间尺寸,并按房间和所用地毯型号逐一登记编号,然后根据房间尺寸、形状用裁边机断下地毯料,每段地毯的长度要比房间长出 2cm 左右,宽度要以裁去地毯边缘线后的尺寸计算。弹线裁去边缘部分,然后用手推裁刀从毯背裁切,裁好后卷成卷编上号,放入对号房间里,大面积房厅应在施工地点剪裁拼缝。

4.　钉倒刺板挂毯条

沿房间或走道四周踢脚板边缘,用高强水泥钉将倒刺板钉在基层上(钉朝向墙的方向),其间距约 40mm。倒刺板应离开踢脚板面 8~10mm,以便于钉牢倒刺板,如图 8.51 所示。

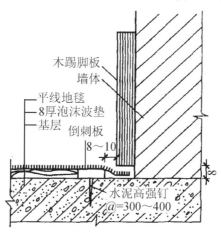

图 8.51　倒刺板、踢脚与地毯的关系

5. 铺设衬垫

将衬垫采用点粘法刷 107 胶或聚醋酸乙烯乳胶，粘在地面基层上，要离开倒刺板 10mm 左右。衬垫一般采用海绵波纹衬底垫料，也可用杂毯毡垫。

6. 铺设地毯

首先缝合地毯，将裁好的地毯虚铺在垫层上，然后将地毯卷起，在拼接处缝合。缝合完毕，用塑料胶纸贴于缝合处，保护接缝处不被划破或勾起，然后将地毯平铺，用弯针在接缝处做绒毛密实的缝合。然后拉伸与固定地毯。先将地毯的一条长边固定在倒刺板上，毛边掩到踢脚板下，用地毯撑子拉伸地毯。拉伸时，用手压住地毯撑，用膝撞击地毯撑，从一边一步一步推向另一边。若一遍未能拉平，应重复拉伸，直至拉平为止。然后将地毯固定在另一条倒刺板上，掩好毛边。长出的地毯，用裁割刀割掉。一个方向拉伸完毕，再进行另一个方向的拉伸，直至 4 个边都固定在倒刺板上。若用胶粘剂黏结固定地毯，此法一般不放衬垫(多用于化纤地毯)，先将地毯拼缝处衬一条 10mm 宽的麻布带，用胶粘剂糊粘，然后将胶粘剂涂在基层上，适时黏结、固定地毯。此法分为满粘和局部黏结两种方法，宾馆的客房和住宅的居室可采用局部黏结，公共场所宜采用满粘。

铺设地毯时，先在房间一边涂刷胶粘剂，铺放已预先裁割的地毯，然后用地毯撑子向两边撑拉，再沿墙边刷两条胶粘剂，将地毯压平掩边。

7. 细部处理及清理

要注意门口压条的处理和门框、走道与门厅、地面与管根、暖气罩、槽盒、走道与卫生间门坎、楼梯踏步与过道平台、内门与外门、不同颜色地毯交接处和踢脚板等部位地毯的套割、固定和掩边工作，必须黏结牢固，不应有显露、后找补条等破活。地毯铺完，固定收口条后，应用吸尘器清扫干净，并将毯面上脱落的绒毛等彻底清理干净。

本 章 小 结

本章主要介绍了木地板、塑料地板、橡胶地板、活动地板、地毯的种类、特性、用途、分类及规格，还介绍了实木地板、聚氯乙烯塑料卷材地板、固定地毯的施工工艺和工艺要求。

木地板分为实木地板、复合木地板、竹制地板；塑料地板的优点很多，如装饰效果好，其色彩图案不受限制，能满足各种用途需要，也可模仿天然材料，十分逼真；橡胶地板是以合成橡胶为主要原料，添加各种辅助材料，经过特殊加工而成的地面装饰材料；活动地板，又称装配式地板，是由各种规格型号和材质的面板块、行条、可调支架等组合拼装而成的；地毯是一种高级地面装饰品，有悠久的历史，也是一种世界通用的装饰材料。

习　　题

1．复合地板的特点有哪些？
2．实木地板和复合地板有哪些区别？
3．橡胶地板的用途有哪些？
4．地毯特性及应用是什么？

第9章

顶棚装饰材料

技能点

1. 主要了解顶棚装饰材料的种类、性能、规格及用途
2. 掌握木龙骨吊顶、轻钢龙骨纸面石膏板吊顶的施工工艺

难点

木龙骨吊顶、轻钢龙骨纸面石膏板吊顶的施工工艺

说明

通过了解顶棚装饰材料的种类、性能、规格及用途，掌握木龙骨吊顶、轻钢龙骨纸面石膏板吊顶的施工工艺和工艺要求，最终使学习者与具体的生产实践相结合，进一步提高学习者的实践应用能力。

9.1　石　膏　板

9.1.1　纸面石膏板

以半水石膏和护面纸为主要原料，掺加适量纤维、胶粘剂、促凝剂、缓凝剂，经料浆配制、成型、切割、烘干而成的轻质薄板，即称纸面石膏板，如图 9.1 所示(效果图见彩插第 8 页)。

图 9.1　凯悦酒店(餐厅吊顶)

1. 纸面石膏板的分类

纸面石膏板主要用于建筑物内隔墙，有普通纸面石膏板、耐水纸面石膏板和耐火纸面石膏板 3 类。

普通纸面石膏板是以建筑石膏为主要原料，掺入了纤维和添加剂构成芯材，并与护面纸板牢固地结合在一起的轻质建筑板材。

耐水纸面石膏板是以建筑石膏为主要原料，掺入了适量耐水外加剂构成耐水芯材，并与耐水的护面纸牢固黏结在一起的轻质建筑板材。

耐火纸面石膏板是以建筑石膏为主要原料，掺入了适量无机耐火纤维增强材料构成芯材，并与护面纸牢固黏结在一起的耐火轻质建筑板材，如图 9.2 所示。

图 9.2 纸面石膏板顶棚

2. 纸面石膏板常用形状及品种规格

(1) 形状。普通纸面石膏板的棱边有 5 种形状,即矩形(代号 PJ)、45°倒角形(代号 PD)、楔形(代号 PC)、半圆形(代号 PB)和圆形(代号 PY),如图 9.3 所示。

图 9.3 凯悦酒店一

（2）产品规格有：长 1800mm、2100mm、2400mm、2700mm、3000mm、3300mm 和 3600mm 7 种规格；宽 900mm 和 1200mm 两种规格；厚 9mm、12mm 和 15mm 3 种规格。此外，纸面石膏板还有厚度为 18mm 的产品，耐火纸面石膏板还有厚度为 18mm、21mm 和 25mm 产品。纸面石膏板品种很多，且规格、性能及用途各异，见表 9-1。

表 9-1　纸面石膏板的规格、性能及用途

品　名	规　格 长(mm)×宽(mm)×厚(mm)	技术性能	用　途
普通纸面石膏板	(2400～3300)×(900～1200)×(9～18)	耐水极限：5～10min 含水率：<2% 导热系数/W·(m·K)$^{-1}$：0.167～0.18 单位面积重量/g·cm^{-2}：<9.5<12<25	用于墙面和顶棚的基面板
圆孔型纸面石膏装饰吸声板（龙牌）	600×600×(9～12) 孔径：6 孔距：18 开孔率：8.7%	质量：≤9～12kg/m^2 挠度：板厚 12mm，支座间距 40mm 纵向：≤1.0mm 横向：≤0.8mm	用于顶棚或墙面的表面装饰
长孔型纸面石膏装饰吸声板（龙牌）	600×600×(9～12) 孔长：70 孔宽：2 孔距：13 开孔率：5.5%	断裂荷载：支座间距 40mm 9mm 厚板：横向≥400N 纵向≥150N 12mm 厚板：横向≥600N 纵向≥180N	
耐水纸面石膏板	长：2400、2700、3000 宽：900、1200 厚：12、15、18 等	吸水率：<5%	卫生间、厨房衬板
耐火纸面石膏板	900×450×9 900×450×12 900×600×9 900×600×12 1200×450×9 1200×450×12 1200×600×9 1200×600×12	燃烧性能：A$_2$ 级不燃 含水率：≤2% 导热系数：0.186～0.206W·(m·K)$^{-1}$ 隔声性能： 隔声指数：9mm 厚为 26dB 12mm 厚为 28dB 钉入强度：9mm 厚为 1.0MPa 12mm 厚为 1.2MPa	用于防火要求较高的建筑室内顶棚和墙画基面板

3. 纸面石膏板的性能特点

(1) 纸面石膏板重量轻、强度能满足使用要求。纸面石膏板的厚度一般为 9.5～12mm，每平方米自重只有 6～12kg。用两张纸面石膏板中间夹轻钢龙骨就是很好的隔墙，该纸面石膏板墙体每平方米重量不超过 30～45kg，仅为普通砖墙的五分之一左右。用纸面石膏板作为内墙材料，其强度也能满足要求，厚度 12mm 的纸面石膏板纵向断裂载荷可达 500以上。

(2) 隔声性能。纸面石膏板采用单一轻质材料，如加气砼、膨胀珍珠岩板等构成的单层墙体其厚度很大时才能满足隔声的要求。而纸面石膏板、轻钢龙骨和岩棉制品制成的隔墙是利用空腔隔声的，隔声效果好。

(3) 膨胀收缩性能。纸面石膏板在应用过程中，化学物理性能稳定，纸面石膏板干燥吸湿过程中，伸缩率较小，纸面石膏板有效地克服了目前国内其他轻质板材在使用过程中由于自身伸缩较大而引起接缝开裂的缺陷，如图 9.4 所示。

(4) 耐火性能良好。纸面石膏板是一种耐火建筑材料，内有大约 2% 的游离水，纸面石膏板遇火时，这部分水首先汽化，消耗了部分热量，延缓了墙体温度的上升。另外纸面石膏板中的水化物是二水石膏，它含有相当于全部重量 20% 左右的结晶水。当板面温度上升到 80℃ 以上时，纸面石膏板开始分解出结晶水，并在面向火源的表面产生一层水蒸气幕，产生良好的防火效果。纸面石膏板芯材(二水硫酸钙)脱水成为无水石膏(硫酸钙)，同时吸收了大量的热量，从而延缓了墙体温度的上升，如图 9.5 所示。

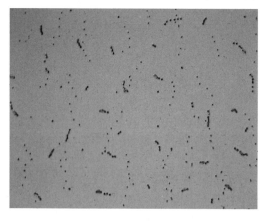

图 9.4　纸面石膏板

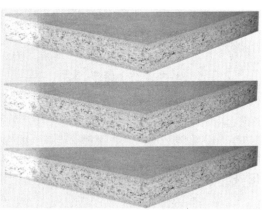

图 9.5　耐火纸面石膏板

(5) 隔热保温性能。纸面石膏板的导热系数只有普通水泥混凝土的 9.5%，是空心黏土砖的 38.5%。如果在生产过程中加入发泡剂，石膏板的密度会进一步降低，其导热系数将变得更小，保温隔热性能就会更好。

(6) 纸面石膏板具有一定的湿度调节作用。由于纸面石膏板的孔隙率较大，并且孔结构分布适当，所以具有较高的透气性能。当室内湿度较高时，可吸湿，而当空气干燥时，又可放出一部分水分，因而纸面石膏板对室内湿度起到一定的调节作用，国外将纸面石膏板的这种功能称为"呼吸"功能。另外纸面石膏板经防潮处理后，可用于如宾馆、饭店、住宅等居住单元的卫生间、浴室等；纸面石膏板也可用于常年保持高潮湿或有明显水蒸气的环境，如公共浴室、厨房操作间、高湿工业场所、地下室等。

4. 纸面石膏板的用途

普通纸面石膏板或耐火纸面石膏板一般用作吊顶的基层，故必须作饰面处理。纸面石膏装饰吸声板用作装饰面层，纸面石膏板适用于住宅、宾馆、商店、办公楼等建筑的室内吊顶及墙面装饰，但在厕所、厨房以及空气相对湿度经常大于 70%的潮湿环境中使用时，必须采用相应的防潮措施，如图 9.6～图 9.8 所示。

图 9.6　凯悦酒店一

图 9.7　凯悦酒店二

图 9.8　凯悦酒店三

9.1.2　装饰石膏板

以建筑石膏为主要原料，掺入适量纤维增强材料和外加剂，与水一起搅拌成均匀料浆，经浇注成型，干燥而成的不带护面纸的装饰板材，称为装饰石膏板。

1. 规格

装饰石膏板形状为正方形，其棱边断面形式有直角型和 45°倒角型两种。根据板材正面形状和防潮性能的不同，石膏装饰板的规格尺寸有：500mm×500mm×9mm；600mm×600mm×11mm。产品标记顺序为：产品名称、板材分类代号、板的边长及标准号。例如，边长为 600mm 的防潮孔板，其标记为装饰石膏板 FK500 GB9777。

2. 装饰石膏板的特点

装饰石膏板具有质轻、强度较高、绝热、吸声、防火、阻燃、抗震、耐老化、变形小、能调节室内湿度等特点，同时加工性能好，可进行锯、刨、钉、粘贴等加工，施工方便，工效高，可缩短施工工期。

3. 装饰石膏板的用途

(1) 普通装饰吸声石膏板：适用于宾馆、礼堂、会议室、招待所、医院、候机室、候车室等作吊顶或平顶装饰用板材以及安装在这些室内四周墙壁的上部，也可用作民用住宅、车厢、船轮房间等室内顶棚和墙面装饰。

(2) 高效防水装饰吸声石膏板：主要用于对装饰和吸声有一定要求的建筑物室内顶棚和墙面装饰，特别适用于环境湿度大于 70%的工矿车间、地下建筑、人防工程及对防水有特殊要求的建筑工程。

(3) 吸声石膏板：适用于对各种音响效果要求较高的场所，如影剧院、电教馆、播音室的顶棚和墙面，以同时起消声和装饰作用，如图 9.9～图 9.11 所示。

图 9.9　凯悦酒店(餐厅)

图 9.10　凯悦酒店四

图 9.11　凯悦酒店五

9.2　矿棉装饰吸声板

9.2.1　矿棉装饰吸声板的性能

矿棉装饰吸声板具有吸声、防火、隔热的综合性能，而且可制成各种色彩的图案与立体形表面，是一种室内高级装饰材料，如图 9.12 所示，其产品规格、性能见表 9-2。

图 9.12　矿棉装饰吸声板

表 9-2　矿棉装饰吸声板的产品规格、技术性能

名　称	规　格	技术性能		生产厂家
	长×(mm)×宽(mm)×厚(mm)	项　目	指　标	
矿棉 吸声板	596×596×12 596×596×15 596×596×18 496×496×12 496×496×15	板重/kg·m⁻² 抗弯强度/MPa 导热系数/W·(m·K)⁻¹ 吸湿率/% 吸声系数 燃烧性能	$450\sim600$ $\geqslant1.5$ 0.0488 $\leqslant5$ $0.2\sim0.3$ 自熄	北京市建材 制品总厂
矿棉 吸声板	600×300×9(12、15) 600×500×9(12、15) 600×600×9(12、15) 600×1000×9(12、15)	板重/kg·m⁻² 抗弯强度/MPa 导热系数/W·(m·K)⁻¹ 含水率/% 吸声系数 工作温度/℃	<500 $1.0\sim1.4$ 0.0488 $\leqslant3$ $0.3\sim0.4$ 400	武汉市新型建 材制品总厂
矿棉装饰 吸声板	滚花： 300×600×9～15 597×597×12～15 600×600×12 375×1800×15 立体： 300×600×12～19 浮雕：303×606×12	板重/kg·m⁻² 抗折强度/MPa 导热系数/W·(m·K)⁻¹ 吸水率/% 难燃性	470 以下 厚 9mm：1.96 厚 12mm：1.72 厚 15mm：1.60 0.0815 9.6 难燃一级	北京市矿棉装 饰吸声板厂

续表

名　称	规　格		技术性能		生产厂家
	长×(mm)×宽(mm)×厚(mm)		项　目	指　标	
矿棉 吸声板	明、暗架平板: 300×300×18 600×600×18 跌级板: 600×600×18 600×600×22.5 该产品还有细致花纹板、细槽板、沟槽板、条状板等,有多种颜色		板重/kg·m^{-2} 耐燃性 吸声系数 反光度系数	450~600 一级 0.5~0.75 0.83	阿姆斯壮世界工业有限公司

9.2.2　矿棉装饰吸声板特点

1. 降噪性

矿棉装饰吸声板以矿棉为主要生产原料,而矿棉微孔发达,可减小声波反射、消除回音、隔绝楼板传递的噪声。

2. 吸声性

矿棉装饰吸声板是一种具有优质吸声性能的材料。吸声系数(NRC)是材料对 4 种音频 250Hz、500Hz、1000Hz 及 2000Hz 吸收比率的平均值。一般 NRC 达到 0.5 才可被称为吸声材料。在用于室内装修时,平均吸声率可达 0.5 以上,适用于办公室、学校、商场等场所。

3. 隔声性

矿棉装饰吸声板通过天花板材有效地隔断各室的噪声,营造安静的室内环境。

4. 防火性

矿棉装饰吸声板是以不燃的矿棉为主要原料制成的,在发生火灾时不会燃烧,从而可以有效地防止火势的蔓延。

9.2.3　矿棉装饰吸声板用途

矿棉装饰吸声板具有吸声、不燃、隔热、装饰等优越性能,是集众吊顶材料之优势于一身的室内天棚装饰材料，广泛用于各种建筑吊顶，贴壁的室内装修，如宾馆、饭店、剧场、商场、办公场所、播音室、演播厅、计算机房及工业建筑等，如图 9.13 和图 9.14 所示。

图 9.13 凯悦酒店(会议室)

图 9.14 凯悦酒店(健身房)

9.3　玻璃棉装饰材料吸声板

玻璃棉装饰材料吸声板是以玻璃棉为主要原料，加入适量的胶粘剂、防潮剂、防腐剂等，经热压成型加工而成的，如图9.15所示。为了保证具有一定的装饰效果，表面基本上有两种处理办法：一是贴上塑料面纸；二是在其表面喷涂，喷涂往往做成浮雕形状，其造型有大花压平、中花压平及小点喷涂等图案。

图 9.15　玻璃棉装饰材料吸声板

1. 玻璃棉装饰吸声板特点及用途

玻璃棉装饰吸声板具有质量小、吸声、防火、隔热、保温、美观大方、施工方便等优点，适用于宾馆、门厅、电影院、音乐厅、体育馆、会议中心等。

2. 玻璃棉装饰吸声板的规格及性能

玻璃棉装饰吸声板的规格及性能见表9-3。

表 9-3　玻璃棉装饰吸声板的规格和性能

名　　称	规　格/mm	性　　　　能	
		导热系数/W·m·K^{-1}	吸声系数/(Hz/吸声系数)
玻璃纤维棉吸声板	300×300×(10、18、20)	0.047～0.064	(500～400)/0.7
硬质玻璃棉吸声板	500×500×50		
硬质玻璃棉装饰吸声板	300×400×16		
	400×400×16		
	500×500×30		
船形玻璃棉悬挂式吸声板	1000×1000×20		
离心玻璃棉空间吸声板	1000×600×8		

9.4　钙塑泡沫装饰吸声板

1. 钙塑泡沫装饰吸声板的特点

(1) 表面的形状、颜色多种多样，质地轻软，造型美观，立体感强，犹如石膏浮雕，如图 9.16 所示。

图 9.16　钙塑泡沫装饰吸声板

(2) 具有质轻、吸声隔热、耐水及施工方便等特点。

(3) 表面可以刷漆，满足对色彩的要求。

(4) 吸声效果好，特别是穿孔钙塑泡沫装饰吸声板，不仅能保持良好的装饰效果，也能达到很好的音响效果。

(5) 温差变形小，且温度指标稳定，耐破，撕裂性能好，有利于抗震。

2. 钙塑泡沫装饰吸声板的用途

钙塑泡沫装饰吸声板适用于影剧院、大会堂、医院、商店及工厂的室内顶棚的装饰和吸声。

3. 钙塑泡沫装饰吸声板的规格特性及产地

钙塑泡沫装饰吸声板的规格、特性及产地见表 9-4。

表 9-4　钙塑泡沫装饰吸声板的规格、特性及产地

品　名	规格/mm	特　性	产　地
高发泡钙塑天花板	500×500×6		
钙塑泡沫天花板	500×500×6 (11 种花色品种)		
钙塑泡沫装饰板	普通板 500×500	堆密度：<250kg/m³ 抗压强度：≥0.6MPa 抗拉强度：≥0.8MPa 延伸率：≥50% 吸水性：≤0.05kg/m² 耐温性：-30℃～+60℃ 导热系数：0.072W/(m·K) 难燃性：离火自熄<25s 吸声系数： 空腔(125～4000Hz)/(0.08～0.17) 空腔内放玻璃棉 (125～4000Hz)/(0.09～0.07)	陕西、天津、上海等地
钙塑泡沫装饰板	难燃板 500×500	堆密度≤300kg/m³ 抗压强度：≥0.35MPa 抗拉强度：≥1.0MPa 延伸率：≥60% 吸水性：≤0.01kg/m² 耐温性：-30℃～+80℃ 导热系数：0.079W/(m·K) 难燃性：离火自熄：<25s 吸声系数： 空腔(125～4000Hz)/(0.08～0.17) 空腔内放玻璃棉 (125～4000Hz)/(0.19～0.07)	陕西、上海、四川、黑龙江等地
钙塑装饰吸声板	500×500×6 500×500×8 500×500×10 有 20 种花纹 333×337×6 333×333×8 333×333×10	堆密度：210kg/m³ 抗压强度：0.62MPa 抗拉强度：0.42MPa 吸水率：0.86% 导热系数：0.05W/(m·K) 吸声系数： 空腔(125～4000Hz)/(0.08～0.11)	

9.5　金属微穿孔吸声板

金属微穿孔吸声板根据声学原理，利用各种不同穿孔率的金属板起到消除噪声的作用。

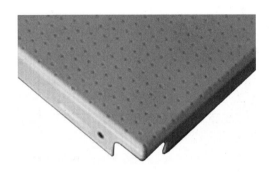

材质根据需要选择，有不锈钢板、防锈铝板、电化铝板、镀锌铁板等。孔型根据需要有圆孔、方孔、长圆孔、长方孔、三角孔、大小组合孔等不同的孔型，如图 9.17 所示。

1. 金属微穿孔吸声板的特点及用途

金属微穿孔吸声板具有材质轻、强度高、耐高温、耐高压、耐腐蚀、防火、防潮、化学稳定性好等特点。造型美观、色泽幽雅、立体感强、装饰效果好、安装方便，可用于宾馆、饭店、剧院、影院、播音室等公共建

图 9.17　金属微穿孔吸声板

筑和有音质要求的其他民用建筑，也可用于各类车间厂房、机房、人防地下室等作为降低噪声措施。

2. 金属微穿孔吸声板的规格及性能

金属微穿孔吸声板规格及性能见表 9-5。

表 9-5　金属微穿孔吸声板的规格及性能

名　　称	性能和特点	规格/mm
穿孔平面式吸声板	材质：防锈铝合金 LF 21 板厚：1mm 孔径：$\varphi 6$ 孔距：10 降噪系数：1.16 工程使用降噪效果：4～6dB 吸声系数：(Hz/吸声系数) (厚度：75mm) 125/0.13、250/1.04、500/1.18、1000/1.37、2000/1.04、4000/0.97	495×495×(150～100)

续表

名　　称	性能和特点	规格/mm
穿孔块体式吸声板	材质：防锈铝合金 LF 21 板厚：1mm 孔径：$\varphi 6$ 孔距：10 降噪系数：2.17 工程使用降噪效果：4～8dB(A) 吸声系数：(Hz/吸声系数) (厚度：75mm) 125/0.22、250/1.25、500/2.34 1000/2.63、2000/2.54、4000/2.25	750×500×100
铝合金穿孔压花吸声板	材质：电化铝板 孔径：$\varphi 6 \sim \varphi 8$ 板厚：0.8～1mm 穿孔率：1～5、20～28 工程使用降噪效果：4～8dB	500×500、1000×1000

9.6　铝合金天花板

铝合金天花板由铝合金薄板经冲压成型，具有轻质高强、色泽明快、造型美观、耐冲击能力强、不易老化、易安装等优点，是一种新型高档的装饰材料，如图9.18所示。

图 9.18　铝合金天花板

9.6.1　铝合金天花板的表面处理

由于铝合金天花板暴露在空气中，易发生氧化反应，因此表面要经过特殊处理，使其表面产生一道薄膜，从而达到保护与装饰的双重作用。目前采用较多的是阳极氧化膜及漆膜。

阳极氧化膜是将铝板经过特殊工艺处理，在铝材表面制取一道比天然氧化膜厚得多的氧化膜层。它经过氧化、电解着色、封孔处理等工序，在型材表面产生一层光滑、细腻、具有良好附着力、表面硬度及色彩的氧化膜，目前常用的色彩有古铜色、金色、银白色、黑色等。氧化膜的厚度和质量是评判铝合金板质量的一项重要技术指标。

漆膜就是在型材表面刷一层漆，形成一层保护膜。为了使铝合金表面的漆膜牢固，必须对型材表面进行清洗、打磨、氧化等工序，然后再进行烤漆或其他涂饰。

9.6.2　铝合金天花板

选用 0.5～1.2mm 铝合金板材，经下料、冲压成型、表面处理等工序生产的方形板称为铝合金天花板。

铝合金天花板有明架铝质天花板、暗架铝质天花板和插入式铝质扣板天花板 3 种。

(1) 明架铝质天花板采用烤漆龙骨(与石膏板和矿棉板的龙骨通用)作骨架，具有防火、防潮、重量轻、易于拆装、维修天花内的线管方便、线条清晰、立体感强、简洁明亮等特点。

(2) 暗架铝质天花板是一种密封式天花，龙骨隐藏在面板后，不仅具有整体平面及线条简洁的效果，又具有明架铝质天花装拆方便的结构特点，而且根据设计者所要求的尺寸或现场尺寸加工订做，确保了装饰板块及线条分布与整体效果相协调，并可在原有结构基础上凹凸或有其他造型，从而达到理想的装饰效果，是金属装饰天花的新突破。

(3) 插入式铝质扣板天花板是采用铝合金平板或冲孔板经喷涂或烤漆或阳极化加工而成的一种长条插口式板，具有防火、防潮、重量轻、安装方便、板面及线条的整体性及连贯性强的特点，可以通过不同的规格或不同的造型达到不同的视觉效果。

铝合金天花板适用于商场、写字楼、电脑房、银行、车站、机场、火车站等公共场所的顶棚装饰，也适用于家庭装修中卫生间、厨房的顶棚装饰，如图 9.19 和图 9.20 所示。

图 9.19　铝合金天花板(凯悦酒店游泳池)

图 9.20　凯悦酒店(健身房)

铝合金天花板的规格及品种见表 9-6。

表 9-6　铝合金天花板的规格及品种

品　　种	规　　格	产品说明
明架铝质天花板	600mm×600mm，300mm×1200mm， 400mm×1200mm，400mm×1500mm， 800mm×800mm，850mm×850mm 的有孔、无孔板	静电喷涂 冲孔板背面贴纸
暗架铝质天花板	600mm×600mm，500mm×500mm， 300mm×300mm，300mm×600mm 的平面、冲孔立体菱形、 圆形、方形等	
暗架天花板	各种图样的 5600mm×600mm，300mm×300mm， 500mm×500mm 的有孔或无孔板，厚度 0.3～1.0mm	表面喷塑 冲孔内贴无纺纸
明架天花板	各种图样的 5600mm×600mm，300mm×300mm， 500mm×500mm 的有孔或无孔板，厚度 0.3～1.0mm	
铝质扣板天花板	6000mm、4000mm、3000mm、2000mm 的平面有孔、无孔 挂片板	表面喷塑
铝质长扣天花板	100mm×3000mm，200mm×3000mm， 300mm×3000mm 的平板、孔板、菱形花板	喷涂 烤漆 阳极化加工

9.7　顶棚材料的施工工艺

9.7.1　木龙骨吊顶

1. 放线

放线是技术性较强的工作，是吊顶施工中的要点。放线包括：标高线、顶棚造型位置线、吊挂点布局线、大中型灯位线，如图 9.21 所示。

(1) 确定标高线：定出地面的地平基准线。原地坪无饰面要求，基准线为原地平线。若原地坪需贴石材、瓷砖等饰面，则需根据饰面层的厚度来定地平基准线，即原地面加上饰面粘贴层。将定出的地平基准线画在墙边上。

(2) 确定造型位置线：对于较规则的建筑空间，其吊顶造型位置可先在一个墙面量出竖向距离，以此画出其他墙(样)面的水平线，即得吊顶位置外框线，而后逐步找出各局部的造型框架线。

(3) 确定吊点位置：对于平顶天花，其吊点一般是按每平方米布置一个，在顶棚上均匀排布；对于有叠级造型的吊顶，应注意在分层交界处布置吊点，吊点间距 0.8～1.2m。较大的灯具也应该安排吊点来吊挂，如图 9.22 所示。

图 9.21　放地面中心线

图 9.22　确定吊点位置

2. 木龙骨处理

对吊顶用的木龙骨进行筛选，将其中腐蚀部分，斜口开裂、虫蛀等部分剔除。对工程中所用的木龙骨均要进行防火处理，一般将防火涂料涂刷或喷于木材表面，也可把木材放在防火涂料槽内浸渍，如图 9.23～图 9.25 所示。

图 9.23　天花板造型

图 9.24　给吊起的吊顶刷防火漆

图 9.25　上防火漆

3．木龙骨拼装

用于木质天花板吊顶的龙骨架，通常于吊装前，在地面进行分片拼接。其目的是节省工时、计划用料、方便安装。方法如下。

确定吊顶骨架面上需要分片或可以分片安装的位置和尺寸，根据分片的平面尺寸选取龙骨纵横型材(经防腐、防火处理后已晾干)。

先拼接组合大片的龙骨骨架，再拼接小片的局部骨架。拼接组合的面积不可过大，一般不大于 10m，否则不便吊装，如图 9.26 所示。

4．安装吊点紧固件

常用的吊点紧固件有 3 种安装方式。

(1) 用冲击电钻在建筑结构底面打孔，如图 9.27 所示。

(2) 用射钉将角铁等固定在建筑底面上。射钉直径必须大于 φ 5mm。

(3) 用预埋件进行吊点固定，预埋件必须是铁板、铁条等钢件。

图 9.26　未拼接的天花板造型

图 9.27　天花板打孔

5. 固定沿墙龙骨

沿吊顶标高线固定沿墙木龙骨，一般是用冲击钻在标高线以上 10mm 处墙面打孔，孔径 12mm，孔距 0.5～0.8m，孔内塞入木楔，将沿墙龙骨钉固于墙内木楔上。该方法主要适用于砖墙和混凝土墙面。沿墙木龙骨的截面尺寸应与天花吊顶木龙骨尺寸一样。沿墙木龙骨固定后，其底边与吊顶标高线一致。

6. 龙骨吊装

(1) 分片吊装。

(2) 龙骨架与吊点固定。

(3) 叠级吊顶的上下平面龙骨架连接，如图 9.28 所示。

图 9.28　龙骨吊装

7. 调平

各个分片连接加固完毕后，在整个吊顶面下拉出十字交叉的标高线来检查吊顶平面的整体平整度。

8. 覆罩面材料

选用板材应考虑质轻、防火、吸声、隔热、保温、调湿等要求，但更主要的是牢固可靠，装饰效果好，便于施工和检修拆装。

1) 罩面板的接缝

罩面板材可分为两种类型，一种是基层板，在板的表面再做其他饰面处理；另一种是板的表面已经装饰完毕，将板固定后，装饰效果已经达到。面层罩面板材接缝是根据龙骨形式和面层材料特性决定的。

(1) 对缝(密缝)。板与板在龙骨处对接，此时板多为粘、钉在龙骨上，缝处易产生不平现象，须在板上间距不超过 200mm 钉钉，或用胶粘剂粘紧，并对不平进行修整。若石膏板对缝，可用刨子刨平。对缝作法多用于裱糊、喷涂的面板。

(2) 凹缝(离缝)。在两板接缝处利用面板的形状和长短做出凹缝，凹缝有 V 形和矩形两种。由板的形状形成的凹缝可不必另加处理；利用板的厚度形成的凹缝中可刷涂颜色，以强调吊顶线条和立体感，也可加金属装饰板条增加装饰效果，凹缝应不小于 10mm。

(3) 盖缝(离缝)。板缝不直接露在外，而用次龙骨(中、小龙骨)或压条盖住板缝，这样可避免缝隙宽窄不均现象，使板面线型更加强烈。

2) 罩面板与木龙骨连接

罩面板与木龙骨连接主要有钉接和黏结两种。

(1) 钉接。用铁钉或螺钉将罩面板固定于木龙骨，一般用铁钉，钉距视面板材料而定，适用于钉接的板材有石棉水泥板、钙塑板、胶合板、纤维板、铝合金板、木板、矿棉吸声板、石膏板等。

(2) 黏结。用各种胶粘剂将板材黏结于龙骨或其他基层板材上。如矿棉吸声板可用 1：1 水泥石膏粉适量 107 胶，随调随用，成团状粘贴；钙塑板可用 401 胶粘贴在石膏板基层上。

若采用粘钉结合的方式，连接更为牢靠。

9.7.2 轻钢龙骨纸面石膏板吊顶

1. 吊杆安装

吊杆主要用于连接龙骨与楼板的承重结构，其结构形式要与龙骨的规格、材料及工作现场的要求相适应，吊杆由膨胀管、螺杆(吊杆、吊筋)、吊钩、螺栓、螺帽组成，安装时用电锤打孔，孔径要与固定螺栓相符合，埋铁膨胀管(也可用射钉穿孔)，将螺杆或吊筋固定于膨胀管上拧紧，在螺杆或吊筋下部装上吊钩，配好螺栓。另外，还可以采用预先预埋吊杆、吊筋，这主要适用于现浇楼板，如图9.29所示。

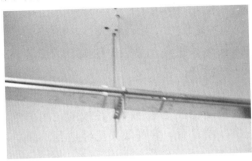

图9.29　吊杆

2. 龙骨安装

吊杆吊钩固定以后，就可以穿主龙骨，主龙骨卡在吊钩中，用螺栓固定主龙骨，当主龙骨的长度不够时，可用插件延伸主龙骨长度。

主龙骨与主龙骨的行间距离不能大于1200mm，当主龙骨固定以后，可以安装次龙骨。次龙骨的安装与主龙骨呈垂直状，用次龙骨吊挂件(见构成方格状后，横竖并不在一个平面上，为便于安装罩面材料，需使用小龙骨(横撑龙骨))。在安装小龙骨时，在龙骨两头装上挂插件，以连接次龙骨。

在龙骨与墙体的连接处可以用边龙骨，边龙骨也可以用木方替代，将次龙骨固定在边龙骨或者木方边上，使顶棚与墙体紧密连在一起，如图9.30和图9.31所示。

图9.30　龙骨安装

图 9.31　龙骨安装完成

3. 龙骨安装施工要点

以 U 型龙骨安装为例，先参照施工设计图纸，校对现场尺寸同设计是否相符，检查建筑结构和管道安装的情况，若有出入或问题要与设计者协商解决。施工第一步，是弹线定位，根据设计要求将吊顶标高线弹到墙面然后将封口材料固定到墙面或柱面上。标高线弹好后，应参照图纸并结合现场的具体情况，将龙骨吊点位置确定到楼板底面上，要根据顶部造型确定吊点轴线，也就是确定主龙骨位置间距，不同龙骨断面及吊点间距都对主龙骨之间距离有影响，对各种吊顶、龙骨之间距离和吊点之间距离一般要控制在 1.0～1.2m 以内。吊杆的安装方法前面已经叙述过，按吊杆安装方法进行。这里要提一下 U 型轻钢龙骨吊杆不宜使用铅丝，而要用 $\varphi6\sim\varphi8mm$ 的钢筋(钢筋要拉直处理)，或用同样粗细的螺杆。然后按龙骨安装方法将龙骨悬挂在吊杆上，穿好龙骨后，要进行整体调整，调整方法是拉线，校准龙骨架的平整度，大面积平顶还须考虑在中心部位要吊出适当的起拱度，如图 9.32 所示。

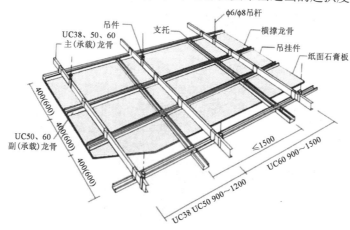

图 9.32　龙骨安装示意图

龙骨安装完毕后要进行认真检查，符合要求后才能安装罩面板。对安装完毕的轻钢龙骨架，特别要检查对接和连接处的牢固性，不得有虚接、虚焊现象。

安装罩面板同木龙骨一样可以安装各种类型的罩面板，轻钢龙骨一般均与纸面石膏板相配使用，下面以纸面石膏板为例介绍敷面板的施工方法。

1) 纸面石膏板的罩面钉装

装饰工程施工及验收规范(GJ 73—1991)对纸面石膏板的安装有明确规定，要求板材应在自由状态下就位固定，以防止出现弯棱、凸鼓等现象。纸面石膏板的长边(包封边)，应沿纵向次龙骨铺设。板材与龙骨固定时，应从一块板的中间向板的四边循序固定，不得采用在多点上同时作业的方法。

用自攻螺钉铺钉纸面石膏板时，钉距以 150~170mm 为宜，螺钉应与板面垂直。自攻螺钉与纸面石膏板边的距离：距包封边(长边)以 10~15mm 为宜；距切割边(短边)以 15~20mm 为宜。钉头略埋入板面，但不能致使板材纸面破损。在装钉操作中出现有弯曲变形的自攻螺钉时，应予剔除，在相隔 50mm 的部位另安装自攻螺钉。纸面石膏板的拼接缝处，必须是安装在宽度不小于 40mm 的 C 型龙骨上；其短边必须采用错缝安装，错开距离应不小于 300mm。安装双层石膏板时，面层板与基层板的接缝也应错开，上下层板各自的接缝不得同时落在同一根龙骨上，如图 9.33~图 9.36 所示。

图 9.33　纸面石膏板的罩面 1

图 9.34　纸面石膏板的罩面 2

图 9.35　纸面石膏板的罩面 3

图 9.36　纸面石膏板钉装

2) 嵌缝处理

纸面石膏板拼接缝的嵌缝材料主要有两种：一是嵌缝石膏粉，二是穿孔纸带。嵌缝石膏粉的主要成分是石膏粉加入缓凝剂等。嵌缝及填嵌钉孔等所用的石膏腻子，由嵌缝石膏粉加入适量清水(嵌缝石膏粉与水的比例为 1∶0.6)，静置 5～6min 后经人工或机械调制而成，调制后应放置 30min 再使用。注意石膏腻子不可过稠，调制时的水温不可低于 5℃，若在低温下调制应使用温水；调制后不可再加石膏粉，避免腻子中出现结块和渣球。穿孔纸带即是打有小孔的牛皮纸带，纸带上的小孔在嵌缝时可保证石膏腻子多余部分的挤出。纸带宽度为 50mm。使用时应先将其置于清水中浸湿，这样做有利于纸带与石膏腻子的黏合。此外，另有与穿孔纸带起着相同作用的玻璃纤维网格胶带，其成品已浸过胶液，具有一定的挺度，并在一面涂有不干胶。它有着较牛皮纸带更优异的拉结作用，在石膏板板缝处有更理想的嵌缝效果，故在一些重要部位可采用它以取代穿孔牛皮纸带，以防止板缝开裂的可能性。玻纤维格胶带的宽度一般为 50mm，价格高于穿孔纸带，如图 9.37 所示。

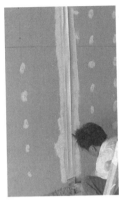

图 9.37　嵌缝处理(石膏腻子填缝)

本 章 小 结

本章主要介绍了石膏板、矿棉装饰吸声板、玻璃棉装饰材料吸声板、钙塑泡沫装饰吸声板、金属微穿孔吸声板、铝合金天花板的种类、特性、用途、分类及规格，还介绍了木龙骨吊顶、轻钢龙骨纸面石膏板吊顶的施工工艺和工艺要求。

石膏板分为纸面石膏板和装饰石膏板；矿棉装饰吸声板具有吸声、防火、隔热的综合性能，而且可制成各种色彩的图案与立体形表面，是一种室内高级装饰材料；玻璃棉装饰吸声板具有质量小、吸声、防火、隔热、保温、美观大方、施工方便等优点，适用于宾馆、门厅、电影院、音乐厅、体育馆、会议中心等；钙塑泡沫装饰吸声板适用于影剧院、大会堂、医院、商店及工厂的室内顶棚的装饰和吸声；金属微穿孔吸声板具有材质轻、强度高、耐高温、耐高压、耐腐蚀、防火、防潮、化学稳定性好等特点，可用于宾馆、饭店、剧院、影院、播音室等公共建筑和有音质要求的其他民用建筑；铝合金天花板由铝合金薄板经冲压成型，具有轻质高强、色泽明快、造型美观、安装简便等优点，是目前国内外流行的装饰材料之一。

习 题

1. 纸面石膏板有哪些技术性能？
2. 在顶棚材料中，哪些装饰板的吸声效果好？
3. 在什么场所选用金属穿孔吸声板？

参 考 文 献

[1] 赵斌. 建筑装饰材料[M]. 天津：天津科学技术出版社，1997.

[2] 李永盛，丁洁民. 建筑装饰工程施工[M]. 上海：同济大学出版社，1999.

[3] 陈宝盛. 建筑装饰材料[M]. 北京：中国建材工业出版社，2003.

[4] 中国机械工业教育协会. 建筑装修装饰材料[M]. 北京：机械工业出版社，2001.

[5] 曹文达. 建筑装饰材料[M]. 北京：中国电力出版社，2003.

[6] 李永盛，丁洁民. 建筑装饰工程材料[M]. 上海：同济大学出版社，1999.

[7] 平国安. 室内施工工艺与管理[M]. 北京：高等教育出版社，2003.

[8] 符芳主. 建筑装饰材料[M]. 南京：东南大学出版社，1994.

[9] 杨嗣信. 新编实用建筑手册[M]. 北京：北京出版社，1998.

[10] 王萱，王旭光. 建筑装饰构造[M]. 北京：化学工业出版社，2006.

[11] 蔡丽朋. 建筑装饰材料[M]. 北京：化学工业出版社，2005.